强制性食品可追溯体系的功能、机制及应用

——来自猪肉安全监管领域的探索

赵智晶　吴秀敏　著

中国农业出版社

图书在版编目（CIP）数据

强制性食品可追溯体系的功能、机制及应用：来自猪肉安全监管领域的探索 / 赵智晶，吴秀敏著. —北京：中国农业出版社，2015.12

ISBN 978-7-109-21391-3

Ⅰ.①强… Ⅱ.①赵… ②吴… Ⅲ.①猪肉—食品安全—监督管理 Ⅳ.①TS201.6

中国版本图书馆 CIP 数据核字（2015）第 315300 号

中国农业出版社出版
（北京市朝阳区麦子店街 18 号楼）
（邮政编码 100125）
责任编辑 闫保荣

北京大汉方圆数字文化传媒有限公司印刷 新华书店北京发行所发行
2015 年 12 月第 1 版 2015 年 12 月北京第 1 次印刷

开本：880mm×1230mm 1/32 印张：9
字数：260 千字
定价：32.00 元

本书的出版受到四川省教育厅社科重点规划项目“食品溯源制度的创新补偿效应激发机制研究”（15SA0002）的资助，特此感谢！

前　言

任何食品商贸、消费活动，保障食品安全是前提。近年来，国内外食品安全问题突出，特别是在猪肉行业这些食品安全风险高发领域，兽药残留、添加剂与激素残留、猪肉注水、病死猪肉加工销售等问题层出不穷，愈演愈烈。食品可追溯体系（Food Traceability System，简称FTS）从21世纪初便开始被欧美等用于解决食品安全问题，一种用法是企业用来加强质量安全控制（由企业自愿实施，将其称为非强制性食品可追溯体系），另一种用法是政府用来加强食品安全监管（由政府强制实施，将其称为强制性食品可追溯体系）。按照国际潮流的发展趋势，将食品可追溯体系引入食品安全监管领域，解决猪肉行业等问题突出领域的食品安全问题，已成为各国普遍的做法，这已成为理论界讨论的热点、关注的焦点。但将食品可追溯体系用于加强食品安全监管的理论依据是什么？在监管过程中发挥怎样的功能，作用机制是怎样的？效果又如何？为了回答上述问题，同时为解决我国食品安全问题提供新的思路和政策建议，本书以猪肉行业为例，展开了相应的研究工作。

包括五个主要部分，并基于以下思路进行：第一，基于信息经济学、市场失灵理论、新制度经济学以及规制经济学的食品安全理论对猪肉行业食品安全问题进行理论分析；第二，对强制性食品可追溯体系的本质、功能与机制进行分析；第三，以成都市猪肉可追溯体系为考察对象对食品可追溯体系的建立及成本效益等问题进行分析；第四，对强制性食品可追溯体系对猪肉消费者和经营者行为的影响进行分析，验证强制性食品可追溯体系解决食品安全问题的效果；最后，总结全书，并提出政策建议。

基于全书的理论分析与实证分析，得到以下研究结论：

（1）猪肉行业食品安全问题实质是市场上优质猪肉的有效供给不足；猪肉市场不完美，存在严重的信息不对称，会引发市场交易双方的不完全逆向选择，导致优质猪肉有效供给不足，低质量猪肉规模存在，社会福利严重受损；猪肉经营者生产经营行为具有外部性，猪肉质量安全信息具有公共物品性质，会导致猪肉市场失灵；猪肉质量安全属性的产权难以清晰界定和转移，会诱发猪肉经营者机会主义行为的结果，最终导致市场失灵；由政府强制性介入信息披露与制定标准，并强化行政与法制监管是纠正猪肉市场失灵解决猪肉行业食品安全问题的有效途径和手段。但监管过程中缺乏必要的方式或手段来清晰界定和明确各猪肉经营者的猪肉安全责任，并将相应的猪肉安全责任传递到各猪肉经营者，这是目前猪肉行业安全事件频发难以得到根治的原因，引入食品可追溯体系，构建行之有效的监管压力传递手段或方式，提高监管的有效性十分必要。

（2）食品可追溯体系有企业产品质量控制领域的非强制性食品可追溯体系和食品安全监管领域的强制性食品可追溯体系两个类型，后者在全球畜禽行业的食品安全监管领域的应用最为广泛，其本质是一种借助技术手段界定食品质量安全属性产权的工具，主要的功能是强制披露食品质量安全信息和提供责任激励。通过强制性食品可追溯体系能够清晰界定猪肉的产权归属，明确猪肉经营者的质量安全责任，将监管压力传递给猪肉经营者，并向消费者提供追究猪肉经营者责任的延迟权利，据此增强交易完成后惩罚机制的有效性，改变猪肉经营者的预期，激励其安全生产经营；完善外部食品安全管制环境，加大对猪肉经营者机会主义行为的惩罚力度，以及提高食品可追溯体系的可用性，能有效促进猪肉经营者食品质量安全意识的提高和行为的改善。

（3）食品监管领域的食品可追溯体系属于强制性的全链食品可追溯体系；一般由建立技术、可追溯制度与政府管理体系三部分组成；追溯的内容包括产品追溯和责任人追溯，应以责任人追溯为主；宽度、深度与精确度三个结构参数和数据的真实性、完整性，以及可用性等信息技术参数是建立食品可追溯体系需要考虑的参数；食品可追溯体系具有链式模式和集中发散模式两种建立模式，其建立需要遵循实用性、经济性和可用性三个原则，并分步骤实施。

（4）食品可追溯体系的建立和运行会产生较高的成本，剔除政府投入后，成都市每头生猪（按125千克计）的追溯成本为2.125元。

（5）强制性食品可追溯体系对消费者对可追溯猪肉及溯源行为都有影响，结果表明：消费者具有对可追溯猪肉的支付意愿的比率不高，而消费者愿意额外支付的平均费用为3.921（N＝238）/2.522（N＝395），这源于消费者对食品可追溯体系的了解程度、食品可追溯体系带来的好处认知程度较低，并与对规制环境完善程度的认知一起，进一步影响到消费者愿意为可追溯猪肉额外支付的费用；食品可追溯体系的功能性效益与规制环境的完善程度对消费者索要溯源票有显著影响，食品可追溯体系的可用性与规制环境的完善程度对消费者查询信息有显著影响。

（6）食品可追溯体系对猪肉经营者行为的责任激励作用明显，能有效促使其质量安全意识的提高和行为的改善。生猪屠宰企业、农贸市场与猪肉零售摊主的质量安全意识和行为，都在建立食品可追溯体系后有所提升和改善；它们对参与食品可追溯体系总体上持积极的态度，在食品可追溯体系的建立和运行过程中，对食品可追溯相关知识的认知，食品可追溯体系的可用性等问题是影响各猪肉经营者参与积极性的主要因素；以食品安全管制压力为主的参与激励因素和以食品安全风险与事故成本降低为主的相容激励因素约束着猪肉经营者参与食品可追溯体系的行为。

纵观本研究，体现出三方面的创新：

(1) 本书将用于企业产品质量控制与食品安全监管的两类食品可追溯体系进行区分，对食品可追溯体系在猪肉安全监管中的应用进行探讨，重点对食品监管领域中的食品可追溯体系进行研究，在研究视角上有所创新。

(2) 基于全书建立起运用食品可追溯体系解决猪肉行业食品安全问题的理论分析框架，利用食品可追溯体系的责任激励功能弥补了政府食品安全监管的不足；并在此基础上，考察并验证了运用食品可追溯体系解决猪肉行业食品安全问题的效率和效果。

(3) 分析认为食品安全监管领域中的食品可追溯体系的本质是界定食品质量安全属性产权的工具，基于其责任激励功能能建立完整的食品安全问题解决思路，这得到成都市猪肉行业食品可追溯体系相关调研数据的实证支持，从理论上揭示了其能够被用于食品安全监管，解决食品安全问题的依据。

目　　录

1 绪论

1.1 研究背景

(1) 猪肉行业食品安全问题突出，给经济、政治与社会生活带来较大影响

猪肉产品质量安全风险高，猪肉行业食品安全问题的形成原因及过程复杂，监管难度大；猪肉单位产品价值及附加值高，猪肉产业在我国畜牧业中长期占据较大比重，2010年猪肉产量占肉类总产量的比例高达63.98%①，是关系到我国国计民生的基础产业，在国民经济当中位居重要位置，从1985年到2010年猪肉产值从419.3亿元增加到9 202亿元，据有关数据统计显示②，2012年更是高达2万亿元；猪肉行业食品安全问题极易对正常的经济、生活秩序造成冲击，在政治方面产生严重影响，历来是我国食品安全监管领域的重点和难点。

改革开放以来，居民猪肉消费总量从1980年的1 263.4万吨增加到2010年的2 352.8万吨，增长了186.23%；而人均猪肉消费量从1985年的11.9千克稳步上升到2010年的17.5千克，年均增长3.2%（沈银书，2012）[1]；猪肉总产量

---

① 《中国统计年鉴2011》、《2011年统计公报》。

② http://hbrb.cnhubei.com/html/hbrb/20120909/hbrb1845007.html，湖北日报。

从 1980 年的 1 134.1 万吨增加到 2011 年的 5 053 万吨，增长了 345.55%；我国猪肉产业取得了迅猛的发展。

伴随市场供给与需求的不断增长、猪肉产业迅猛发展的同时，猪肉行业食品安全问题正变得更加严重和突出。从猪肉产业链条的上游端到下游端，存在兽药残留、添加剂与激素残留、猪肉注水等多方面的质量安全隐患和问题。

在生猪养殖环节，饲养模式向规模化养殖发生转变。规模化养殖密度高，疫病传播距离短、速度快，疫病传播方式发生改变；饲养方式高度趋同，养殖过程中大量粪污的集中排放，容易造成严重的环境污染，加剧新疫病种类的出现。疫病的种类也在不断更新，周期性的发生，疫病防控的难度增加、要求提高。养殖户为降低疫情发生风险和成本，违规使用兽药、使用禁用兽药等。

此外，在资源与技术等条件的限制和约束下，面对猪肉市场激烈的竞争，养殖户致力于通过推广和改进良种与养殖技术，提高良种覆盖率、胴体瘦肉率和饲料转化率，缩短生猪养殖周期，以提高猪肉产出数量和质量。为追求更多的利润，养殖户违规操作，超量使用或滥用抗生素、激素及添加剂，形成兽药、添加剂与激素残留问题。

在生猪屠宰加工环节，制度与监管的双重缺失为不法商贩提供了掩护，利用在拥有质量安全信息上的优势，降低质量安全标准、非规范化操作，违规生产，给猪肉注水，加工销售病死猪肉等现象在近些年屡禁不止，反复出现。

根据笔者对被媒体曝光的病死猪肉加工销售重大事件的统计，类似的事件呈逐年上升的趋势。2009 年的河南许通县发生私宰和销售病死猪肉；2011 年的双汇集团为代表的“瘦肉精”事件；2012 年，类似的事件高达 7 起，北京、南京、长沙等地发现的“蓝光猪肉”，广东惠州市、梅州市、湖南安化县和四川宜宾等地曝光的病死猪肉加工，雨润旗下的天晖公司加工的猪肉不合格，四川达州的沃尔玛分公司出售问题猪排，等等[①]。鉴于揭发和统计的难度，这仅仅是“冰山一角”。

突出的猪肉行业食品安全问题在经济、政治与社会生活方面产生的影响也愈发深远。首先，猪肉是我国消费者餐桌上最主要的肉类食品，猪肉行业食品安全问题直接威胁到消费者的生活质量与生命健康，增加消费者医疗等诸多方面的成本；而且会引发消费者担忧，最终影响到市场需求，对生猪产业的发展形成阻碍；严重的猪肉行业食品安全问题还会对正常的经济、社会秩序造成冲击，引发消费者对政府公信力的担忧，并最终导致政治风波。如 20 世纪 90 年代出现的二恶英事件曾直接导致了比利时政府的更替。

其次，我国是世界上最大的猪肉生产和消费大国。1990 年以后，我国肉类总产量一直稳居世界第一。2011 年我国猪肉总产量占世界猪肉总产量的 47%，居第二位的美国仅占 9.8%（FAO[②]，2010），鉴于猪肉产业在畜牧业当中所占的比重，在国民经济当中的重要地位，保障猪肉安全还具有提高我国猪肉在质量安全方面的竞争力，维护猪肉市场的经济秩序，确保整个猪肉产业的健康持续发展等多方面的现实意义。

长期以来，由于疫病监管体制方面的漏洞和问题，我国曾

---

① http：//news.sina.com.cn/c/p/2012-01-05/021023750620.shtml，新浪新闻网；http：//shipin.people.com.cn/GB/17888313.html，人民网；http：//www.gdfs.gov.cn/zwxx/ShowArticle.asp? ArticleID=82844，广东食品安全网；http：//hunan.voc.com.cn/article/201205/201205310810106361.html，湖南在线网；http：//scnews.newssc.org/system/2012/06/16/013550802.shtml，四川新闻网。

② 联合国粮农组织。

长期被排除在世界动物卫生组织成员之外，我国肉类出口曾长期遭遇欧美等国因质量安全问题而设置的贸易壁垒，所以这些年我国政府始终致力于加大资金和科技投入，完善动物疫情防控法律法规和疫情监控体系，并取得显著的效果。2007 年世界动物卫生组织第 75 届国际大会召开，中国重新成为该组织的正式成员。

(2) 食品可追溯体系在畜禽特别是猪肉行业食品安全监管中得到广泛应用

食品可追溯体系最早在畜禽行业产生，并在全世界范围内的畜禽行业得到广泛应用和推广。畜禽安全生产链条非常脆弱，畜禽行业食品安全问题突出，严重程度不容忽视。如何保障畜禽行业的食品安全是国内外社会经济生活中十分敏感的话题。食品安全属于公共物品，确保畜禽行业食品安全是政府监管职责的履行。频繁发生的重大畜禽食品安全事件表明，传统监管体系在更加严峻的畜禽食品安全形势面前无能为力，难以实现进一步有效监管。

在国外，为应对畜禽行业严重的食品安全危机。欧盟率先将食品可追溯体系（Food Traceability System，简称 FTS）引入食品安全监管领域，引发食品安全监管理念与方式的变革，食品溯源管理的潮流迅速波及全世界。为应对疯牛病危机，欧盟在牛肉行业建立起肉牛注册和验证体系，这也即是食品可追溯体系的前身。

此后，食品可追溯体系在全世界以畜禽类产品为主的行业得到迅速推广和应用，据世界动物卫生组织（OIE）的统计，全世界 78%的国家制定有畜禽标识相关法律法规（陆昌华，2006）[2]，欧盟、美国、加拿大、澳大利亚等畜禽行业发达的国家，以及重要的畜禽进出口国如巴西、阿根廷、乌拉主、日本、韩国等相继在猪牛羊等行业建立食品可追溯体系。食品可追溯体系已经成为各国食品安全监管体系中的重要组成部分。

食品可追溯体系作为一种新的行之有效的食品安全监管工具，我国政府十分重视对其的引进、试点与推广工作。考虑到日益严重的猪肉行业食品安全问题，契合我国按环节的分段监管模式，率先在生猪养殖环节试点建立动物标识和疫病可追溯体系，将其较早引入畜禽类食品安全监管领域。

2001 年党中央、国务院提出我国动物要实行可追溯。同年，农业部发布《关于实行免疫标识制度的通知》在全国范围内实行免疫标识制度。2002 年发布《动物免疫标识管理办法》，规定对猪、牛、羊必须佩戴免疫耳标，建立免疫档案管理制度。2006 年颁布《畜禽标识和养殖档案管理办法》，扩大标识对象的范围和功用，规定 2008 年起所有牲畜均应按要求加挂牲畜耳标，并凭此流通。2005 年农业部以四川、重庆、北京和上海 4 省份为试点，推广以二维码耳标为数据轴心的动物标识及疫病可追溯体系，将牲畜从出生到屠宰历经防疫、检疫、监督工作贯穿起来，利用计算机网络把生产管理和执法监督数据汇总到数据中心，建立畜禽从出生到畜禽产品销售各环节的一体化全程追踪监管的管理体系（陆昌华，2010）[3]。2007 年又把试点面扩大至 12 省份，从 2008 年开始，追溯系统建立工作由试点阶段转入全面推进阶段，所有猪、牛、羊均应按规定加戴耳标，并凭此进入流通等环节。

在此基础上，国家食品药品监督管理局、商务部等 8 部门于 2004 年共同推动并启动了肉类食品追溯制度和系统建设项目，确定肉类行业为食用农产品质量安全信用体系建设试点行业，尝试在从生猪屠宰到销售加工的环节建立食品可追溯体系。2008年前后，上海、天津、厦门、武汉与成都等试点城市相继在猪肉行业建立食品可追溯体系。

其中，成都市在猪肉行业建立的食品可追溯体系比较具有代表性，成都市是四川省的政治经济中心，位于素有“天府之国”之称的成都平原，辖区面积12 390平方公里，常住人口1 404.762 5万人，全市每年生猪消费总量约870万头，日均消费量2.4万头。被商务部、财政部确定为全国肉类蔬菜流通追溯体系建设的首批试点城市，成都市于2008年底启动猪肉食品可追溯体系项目，由政府推动在全市范围内分阶段强制性实施，至2011年年底，已经围绕打造“来源可追溯、去向可查证、责任可追究”的猪肉质量安全追溯链条，建立起基于“生猪屠宰加工企业/农产品批发市场-农贸市场-零售摊主”的局部供应链的，以物联网技术为技术支撑，依托成都云计算中心进行数据处理，运用FAID等技术手段，结合市场准出、准入制度，实现以“猪肉责任人追溯为主，猪肉产品追溯为辅”的双重追溯的猪肉食品可追溯体系，实现了对包括二三圈层14个区的猪肉的全城追溯，年追溯生猪达500多万头。初步建立起市级猪肉追溯管理平台，制定了一套比较完整的管理制度和技术标准，走在了全国乃至世界的前列。

1.2 研究意义

1.2.1 理论意义

本书最大的理论意义在于，将用于企业产品质量控制与食品安全监管领域的食品可追溯体系从本质上进行严格区分；将后者的本质视为借助技术手段界定食品质量安全属性产权的工具，对其所具有的责任激励功能及作用机制进行分析，基于全书建立起完整的运用食品可追溯体系解决食品安全问题的理论分析框架，从理论上揭示其能够被用于食品安全监管，解决猪肉行业食品安全问题的依据；在具体的研究过程中，利用具有代表性研究对象的调查数据进行实证分析，对解决猪肉行业食品安全问题的效果等进行探索性的分析，对已有研究内容进行了拓展和深化。

1.2.2 现实意义

本书最大的现实意义在于，借助理论工具对运用食品可追溯体系解决食品安全问题给予合理的解释，并揭示相应的政策含义。一方面，为运用食品可追溯体系解决我国猪肉行业食品安全问题提供更为清晰的思路，保障猪肉行业的食品安全，在此基础上，为其他地区的食品行业建立食品可追溯体系提供指导性意见与借鉴，为保障我国食品安全作出贡献；另一方面，解决猪肉行业食品可追溯体系建立及运行过程中存在的问题，弥补和完善其中的不足之处，为食品可追溯体系长效运行机制的建立及猪肉溯源管理提供政策建议。

1.3 研究目的与思路

1.3.1 研究目的

本书试图从根本上回答运用食品可追溯体系解决食品安全问题的依据是什么的问题，建立完整的运用食品可追溯体系提升食品安全监管效率的理论分析框架，从而为运用食品可追溯体系解决我国的猪肉行业食品安全问题提供思路，探索和总结相关的经验和规律，为我国猪肉溯源管理提供政策建议，具体目标如下：

（1）对猪肉行业的食品安全问题进行分析，剖析问题形成的原因，提出解决思路。

（2）对运用强制性食品可追溯体系本质及其功能和机制进行分析，探寻运用强制性食品可追溯体系提升食品安全监管效率的依据。

（3）对强制性食品可追溯体系的体系结构建立过程和成本效益进行分析。

（4）对运用食品可追溯体系解决猪肉行业食品安全问题的效果进行验证，分析强制性食品可追溯体系对猪肉消费者和猪肉经营者行为的影响。

1.3.2 研究思路

本研究主要遵循以下思路：第一，以成都市将食品可追溯体系用于解决猪肉行业食品安全问题为例，结合理论与现实考察，确定要研究的问题，明确分析框架与内容；第二，对国内外研究文献进行回顾和梳理，总结、提炼可用于本研究的结论和成果，为本研究提供借鉴；第三，基于信息经济学、市场失灵理论、新制度经济学以及规制经济学的食品安全理论对猪肉行业食品安全问题进行理论分析，提出解决猪肉行业食品安全问题的思路；第四，对强制性食品可追溯体系的本质、功能与机制进行分析；第五，以成都市猪肉可追溯体系为考察对象对食品可追溯体系的建立和成本效益等问题进行分析；第六，从对强制性食品可追溯体系对猪肉消费者和经营者行为的影响进行分析，验证强制性食品可追溯体系解决食品安全问题的效果；最后，总结全书，并提出政策建议。

依据上述思路拟定具体的研究路线，如图 1－1 所示：

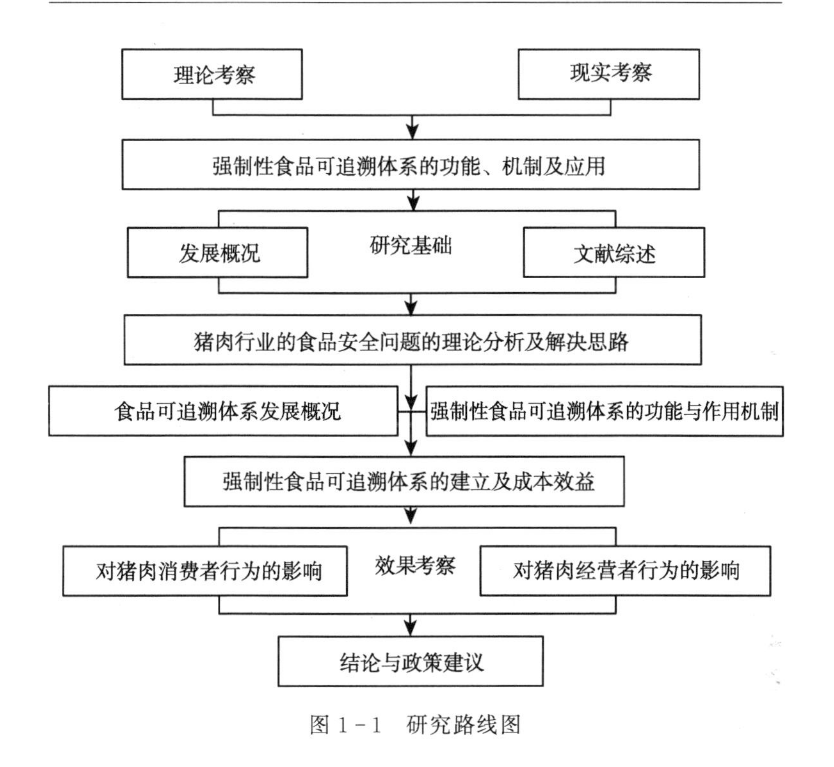

图 1－1　研究路线图

1.4　研究内容

根据以上研究思路，本书共分为 8 章，各章节的主要内容具体如下：

第一章，绪论。主要包括：阐述研究背景和意义；按照理论结合实际对研究的问题进行考察，确定分析框架与内容；同时，说明具体的研究思路、方法、数据来源以及创新点等。

第二章，文献综述。主要包括：从食品可追溯体系的功能与本质、作用机制、推广应用、参与主体行为、成本效益等方面对已有的研究文献进行回顾和梳理，提炼和总结已有的研究成果，为后面的研究提供借鉴。

第三章，猪肉行业食品安全问题的理论分析及解决思路。主要包括：对猪肉行业食品安全问题的实质与内涵进行分析；基于信息经济学、市场失灵理论、新制度经济学与规制经济学的食品安全理论对猪肉行业食品安全问题进行分析，并提出解决思路。

第四章，强制性食品可追溯体系的功能与作用机制。主要包括：对国内外食品可追溯体系的发展概况进行分析，明确强制性与非强制性食品可追溯体系的发展特征、动力等；对强制性食品可追溯体系的本质、责任激励功能以及作用机制进行分析。

第五章，强制性食品可追溯体系的建立及成本与效益分析。以成都市猪肉可追溯体系为考察对象，对食品可追溯体系的建立和成本效益进行分析。

第六章，强制性食品可追溯体系对猪肉消费者行为的影响分析。主要包括：结合对成都市猪肉消费者的调研数据和效用理论等，对消费者对可追溯猪肉的 WTP 及其影响因素、对猪肉质量安全信息的追溯行为及影响因素进行分析。

第七章，强制性食品可追溯体系对猪肉经营者行为的影响分析。主要包括：结合对成都市猪肉可追溯体系的参与主体行为的调研数据，对生猪屠宰加工企业、农贸市场与猪肉零售摊主行为参与猪肉可追溯体系的现状进行分析，识别其参与行为的激励约束条件，并对其参与猪肉可追溯体系后的质量安全意识、行为改善情况进行评价，验证猪肉可追溯体系的责任激励效果。

第八章，结论与政策建议。主要包括：对全书的研究结论进行总结，并根据这些结论提出完善猪肉安全可追溯管理的政策建议。

1.5 研究方法

本书主要采用理论结合实际、定性与定量相结合的研究方法，主要包括文献研究法、问卷调查法以及计量分析方法。

1.5.1 文献研究法

文献研究是所有研究进行的基础工作，在前期理论准备过程中，主要使用文献研究法对食品可追溯体系相关领域的文献和报道进行分析和整理，梳理食品可追溯体系研究的国内外趋势，总结、提炼可用于本书的研究结论和成果，为研究框架、思路、内容的形成提供借鉴和启示。

1.5.2 问卷调查法

问卷调查法是实证研究中常用的适用于大样本的数据收集方法，在社会经济科学领域得到广泛应用，该方法以语言为媒介，使用严格设计的问题或表格收集研究对象的资料。实施过程快速有效、可行性高，内容信息量大，调查结果容易量化、统计处理与分析（陶永明，2011）[4]。本研究涉及消费者、猪肉零售摊主、农贸市场、生猪屠宰企业等行为主体，相关的数据通过问卷调查收集。

1.5.3 数理模型方法

在第四章中运用数理推导的方法建立理论模型，探讨强制性食品可追溯体系的责任激励功能在解决猪肉行业食品安全问题中的作用机制。

1.5.4 计量分析法

根据研究问题的性质和所收集数据的类型，选择相关性分析、交叉分析、因子分析和 Logistic 与多元线性回归分析等计量分析方法作为本书的研究方法。这些都是社会、经济问题分析中较为常规、标准的分析方法，使用过程中能降低数据本身带有的误差，正确揭示变量之间的关系，对把握数据显示出的事物之间的规律有重要作用。

通过综合运用这些方法结合问卷调查数据对理论分析部分提出的重要假设和观点进行实证分析，相关性分析、因子分析、Logistic 与多元线性回归分析主要用在本书第六章消费者对可追溯猪肉的支付意愿和溯源行为的分析，交叉分析主要用于第七章各猪肉经营者参与食品可追溯体系的行为分析。

1.6 数据来源

本书的分析基于大量数据，特别是后面的实证分析部分。所需要的数据主要包括我国猪肉生产量与消费量、国内外食品可追溯体系以及在我国猪肉行业中的推广应用情况、消费者和各猪肉供给主体参与食品可追溯体系的行为数据三部分，分别来自不同的渠道。第一部分数据主要通过查阅国家统计年鉴、畜牧统计年鉴获得，第二部分数据主要由成都市食品安全委员会办公室提供，其中部分数据来自于笔者为了解成都市食品可追溯体系的建立和运行情况而做的调查走访；第三部分数据来自于课题组所进行的消费者、猪肉零售摊主、农贸市场与生猪屠宰企业调查，本部分构成本书的主要数据来源，具体的实施过程和结果如下。

1.6.1 调研设计

整个调研设计经历以下步骤：首先，在借鉴已有的研究成果基础之上，综合运用新制度经济学理论、生命价值理论、效用理论与规制经济学理论等对食品可追溯体系建立和运行过程中的问题进行理论分析，确定研究的具体问题，筛选出研究变量；为保证问卷的信度和效度，一些关键变量的设计参考了已有研究中使用的量表，为保证这些量表适合本研究，借助课题组的智力支持，对问题的表述、语法以及适合的语境进行反复商讨，据此设计具体的问题项，并形成问卷初稿。接下来，随机选择双流、温江等地区的调研对象进行小规模随机抽样调查，调查结果显示的问卷信度和效度总体上可以接受，根据调查过程中出现问题和不足对问卷进行修改和优化，形成最终的问卷，交付专门文印机构进行排版和打印，以用于后面大规模的随机抽样调查。最后，根据成都市食品可追溯体系的实践情况和调查对象的分布情况，选择成都市最先完成食品可追溯体系建立工作的中心城区作为主要调研区域，包括锦江区、青羊区、武侯区、金牛区、成华区、高新区。

1.6.2 调研实施

实施前，对参与调研的人员进行系统培训，对实施过程中可能出现的问题做出预案；具体实施过程中，调研人员分成不同的小组分赴不同区域进行，调查采用当场发放问卷并由被调查者填写的方式进行，若被调查者对问卷题项有疑问，可立即询问调研人员并由其给出解答，问卷调查结束后由调研人员回收问卷，并注明问卷序号、调研时间和地点等。由于涉及不同的调研对象，整个调研分成三个阶段进行。

第一阶段，2012年7月5日至2012年7月20日屠宰企业调查。成都食品安全委员会办公室提供的资料显示，第一批进入成都市主城区生猪产品质量安全可追溯管理系统的生猪定点屠宰企业一共38家，第二批一共30家。为加强猪肉安全管理，参照国内外的做法，在商务局的牵头下，合并小生猪定点屠宰企业的工作一直处于推进当中。截止调研开始日期，还在经营的企业有50家左右。最终选择生猪养殖大县崇州区、大邑县、蒲江县、金堂县等为调查区域，实际调查主要包括金忠、春源、康绿、蔚蓝、雪山、金正、王一等年屠宰生猪10万头以上大型1星级以上屠宰企业在内的企业35家。调查人员分赴各个企业，与企业主要管理者或者品质管理经理访谈，由他们亲自或调查人员填写问卷，由于部分企业临时搬迁或管理人员不在，实际回收有效问卷30份，问卷有效回收率为85.71%，实际样本覆盖率达到60%。

第二阶段，2012年7月21日至2012年7月30日农贸市场和猪肉零售摊主调查。6个中心城区第一批纳入生猪产品质量安全可追溯体系建设的、包括省级示范和市级标准化农贸市场有50家。调研过程中发现，部分市场以连锁形式经营，部分超市已经搬迁或合并，部分市场负责人不愿意配合调研，等等，最后实际调查市场40家，回收问卷38份，剔除部分关键信息不全的无效问卷2份，实际回收有效问卷36份，有效回收率为92.5%，实际样本覆盖率达到74%。在调查过程中，在每个市场随机抽样调查3～5家猪肉零售摊主，共发放问卷160份，剔除部分关键信息不全的问卷，回收有效问卷150份，有效回收率达到93.75%，以每家市场拥有20个左右零售摊位计，实际样本覆盖率控制在20.27%。

第三阶段，2012年7月31日至2012年8月9日消费者调查。在6个中心城区各选一个参与食品可追溯体系的样本农贸为调查点，分别为高新区和平农贸市场、成华区八里庄农贸市场、锦江区天涯石农贸市场、青羊区汪家拐市场、武侯区龙湾集贸市场、金牛区新绿菜市场，每个点调查消费者50～100个。考虑到农贸市场消费者的流动较为集中的特点，调查在上午10：00～12：00和下午3：00～5：00时段进行。为保证问卷的有效回收率，采用向消费者随机发放问卷并当场填写作为调查方式，消费者对问卷若有不明白的地方可以马上提问，调查员现场予以解答。共发放问卷423份，每个调查点控制在70份左右，剔除空白或关键信息不全的问卷28份，共回收有效问卷395份，有效回收率为93.38%，考虑到消费者较大的样本总体，实际样本覆盖率较低。

1.7 创新与不足之处

1.7.1 创新之处

(1) 研究视角

已有的研究并未将用于企业产品质量控制与食品安全监管的两类食品可追溯体系进行区分，导致已有的研究中出现许多混乱的地方。本书在这方面做了开创性的工作，对食品可追溯体系在猪肉安全监管中的应用进行探讨，重点对食品监管领域中的食品可追溯体系进行研究，在研究视角上有所创新。

(2) 理论分析框架

基于全书建立起运用食品可追溯体系解决猪肉行业食品安全问题的理论分析框架，利用食品可追溯体系的责任激励功能弥补政府食品安全监管的不足；并在此基础上，对食品可追溯体系的建立等问题展开分析，并结合实地调研数据，对运用食品可追溯体系解决猪肉行业食品安全问题的效率进行了考察，对运用食品可追溯体系解决猪肉行业食品安全问题的效果进行了验证。

(3) 研究结论

分析认为食品安全监管领域中的食品可追溯体系的本质是界定食品质量安全属性产权的工具，基于其具有的责任激励功能能建立完整的食品安全问题解决思路，这得到成都市猪肉行业食品可追溯体系相关调研数据的实证支持，从而从理论上揭示了其能够被用于食品安全监管，解决食品安全问题的依据。

1.7.2 不足之处

(1) 样本选取的局限

本研究样本的选取存在局限，主要反映在以下两个方面：

一是从选取样本的空间范围来看，食品可追溯体系已经得到广泛应用和推广，特别是在食品安全监管领域，各个国家都已经或正在考虑在食品安全风险高发而且对社会、经济、政治有重要影响的畜禽等行业建立食品可追溯体系，国内同样如此，本书以成都市运用食品可追溯体系解决猪肉行业食品安全问题为例，但成都市仅是试点城市之一，那么，其他城市运用食品可追溯体系解决猪肉行业食品安全问题的情况怎样？在蔬菜行业的试点情况又是怎样？各试点项目之间有哪些经验值得总结和交流？本研究难以反映这些内容，研究结论的普遍性与一般性相比之下有所降低。

二是从选取样本的时间范围来看，2010 年商务部才正式将成都等城市列为肉菜质量可追溯体系试点城市，成都市运用食品可追溯体系解决猪肉行业食品安全问题从 2008 年至今也仅仅才 4 年左右，对于食品可追溯体系建立与运行过程中出现的许多问题还未来得及从理论上进行探讨和解决；保障食品安全，维护消费大众的切身利益、生命健康是长期性甚至永久性的任务，运用食品可追溯体系解决猪肉行业食品安全问题是否经得起时间的检验，比如：随着时间的推移，各猪肉经营者心理上的成本是否会持续增加，从而降低食品可追溯体系的有效性，诸如此类的问题，需要持续跟踪研究才能回答。

（2）研究内容的局限

本书在研究内容方面也是有局限的。

首先，保障食品安全需要一个相对封闭和紧密的生产供应链条，为保障猪肉安全，需要实现从养殖环节或者更远的饲料供应环节到猪肉屠宰加工销售的全程追溯。可现实情况是，养殖环节的动物标识和疫病可追溯体系与屠宰加工销售环节的食品可追溯体系分属两个不同的系统，后者目前向上只能追溯到生猪屠宰加工环节，向下只能跟踪到市场零售环节。所以本书中的食品可追溯体系在追溯的深度上是不够的，而且缺乏对食品可追溯体系追溯的宽度、深度与精度方面的内容进行深入探讨。

其次，在对运用食品可追溯体系解决猪肉行业食品安全问题的效率进行考察时，仍然没有测度食品可追溯体系的效益，尽管本书围绕效益做了大量的研究工作，但这些探索性的工作仍然存在许多不足之处，食品可追溯体系效益的测量仍然是一个难题，尚未解决。

（3）研究条件的限制

几乎所有的研究都不可能在时间、经费等方面得到完全保障，由于成都市食品可追溯体系的建立时间并不长，从总体上来说，国内外在对食品可追溯体系的应用和推广过程中存在许多问题和困难，这使得研究中的许多假设和结论并未充分得到实践的验证；经费的保障问题使得本书的研究不可能包括所有方面，本书从经济和管理的角度对食品可追溯体系建立及运行中的许多问题进行探讨，但食品可追溯体系功能的发挥、作用机制的实现主要是依靠追溯技术手段的支撑，机制与技术两者应该是相辅相成的，成都市猪肉行业中的食品可追溯体系在建立和运行过程中也遇到许多技术方面的问题，对体系的有效性构成严重影响，这同样需要进行研究和完善，但这显然不是本书所要涉及的内容，如何实现与技术的结合是本研究所面临的又一个难题。

2　文献综述

国内外对食品可追溯体系已经做了大量的研究。包括食品可追溯体系的本质与内涵、推广应用、成本效益、功能与机制、参与主体行为研究等多个方面。

2.1　食品可追溯体系的本质与内涵

2.1.1　食品可追溯体系的本质

2.1.1.1　食品的可追溯性

可追溯性（Traceability）是一个工业术语，早期主要应用在飞机、汽车的零部件召回制度中。NF-ENISO8402（1987）将其定义为：通过记录进行追踪或回溯的能力；ISO9000：2000 中的定义为：通过记录的标识追溯某个实体的历史、用途或位置的能力，这里的“实体”可以是一项活动或过程、一项产品、一个机构或一个人。通用的可追溯性概念包含两个基本涵义：追踪（Track）与回溯（Trace），追踪是指沿着供应链，从源头到最终端自上而下记录所有节点的产品标识及其踪迹信息，溯源则是指通过记录的标识信息沿供应链自下而上回溯产品的具体来源（图 2－1）。

可追溯性是研究食品可追溯体系和进行食品可追溯管理的逻辑起点和基础，国际权威组织、各国食品安全监管与研究机构一般根据本国的食品安全管理现状来界定其概念。美国为代

图 2-1　跟踪和溯源方向

表的阵营主张使用产品追循（Product Tracking），欧洲则主张使用追溯能力（Traceability），食品标准委员会（Codex）（2004）采取折中的方案，将两个词并列在一起，将食品可追溯性定义为：能够追溯食品在生产、加工和流通过程中任何指定阶段的能力，以更好地为各国制定食品安全可追溯管理政策提供依据。在此基础上，欧盟委员会将食品可追溯性定义为：追溯食品和原料在投放到市场各个阶段，包括从生产到流通的全过程的能力，有助于质量控制和在必要时撤回产品。

上述对可追溯性和食品可追溯性概念界定是非常清晰的，是一个逐步发展完善的过程。工业中的可追溯性是指通过产品/成分的标识或记录的有关信息追溯产品/成分在生产链和供应链中位置的能力，食品安全领域中的可追溯性则是指通过食品/原料的标识追溯食品和原料在食品生产链和供应链中位置的能力；这里的能力可以理解为概率意义上的可能性，或直接理解为概率，位置包括任何指定阶段的位置，即食品生产加工过程中流经的生产经营主体，至于“追踪”和“回溯”的差异，仅在于方向相反。

欧盟是最早制定食品溯源法律法规，进行食品可追溯实践的地区，欧盟的食品可追溯性概念在世界传播的范围更广、影响更大，并成为食品信息可追踪系统产生的根源，学者们由此普遍认为食品信息可追踪系统可以降低食品市场中信息不对称程度，他们认为只要将食品的成分信息传递给消费者，消费者就能据此判断出食品的质量安全程度（樊孝凤、周德翼，2007）[5]，为了支持他们的观点，他们还将可追溯的内容增加到食品生产加工技术等各个方面，如：Opara（2003）认为食品可追溯体系追溯的内容至少应该包括：①产品位置信息；②生产过程信息；③转基因信息；④投入品信息；⑤疾病和虫害及防治信息；⑥其他特殊质量信息等六个方面。

2.1.1.2 食品可追溯机制

从管理学的意义上讲，机制是指管理系统的结构及其运行机理。它以管理系统的结构为基础和载体，描述的是管理系统各组成部分的内在联系、功能及运行原理。一般而言，管理机制包括运行机制、动力机制和约束机制。

食品可追溯机制是一种以食品质量安全为目标的保障和约束机制（徐翔等，2009）[6]，是形成食品安全长效机制的最有效手段，由食品追溯技术以及与之相关的制度安排组成（胡庆龙，2009）[7]，以及管理体系组成。食品可追溯机制以实现食品可追溯性为目标，对实现食品可追溯性所需建立的制度，所需使用的追溯技术，所需建立的管理体系等做出规定和说明，对实现食品可追溯性的路径、方法、步骤等做出详细的刻画和说明，目的在于向经济主体发出信号以形成有效的激励约束机制。可追溯制度、追溯技术与管理体系是食品可追溯机制的组成要素。其中，可追溯制度代表的是制度安排，追溯技术为实现食品可追溯性提供手段和载体，管理体系则为实现食品可追溯性提供具有约束性的推动力，确保可追溯机制处于正常运行状态。

2.1.1.3 食品可追溯体系

食品可追溯体系的内核是食品可追溯机制，其本身仅仅是食品可追溯机制的外在表现形式（胡庆龙，2009）。食品可追溯体系是由可追溯制度、追溯技术和管理体系结合而成的有机整体，其功能是追溯、实现食品可追溯性。食品可追溯性通过追溯功能（回溯和追踪）实现，即通过产品标识回溯确定产品在供应链上的历史位置，通过追踪确定产品的流向和所到的具体阶段。食品可追溯体系是食品安全保障体系中，以实现食品可追溯为解决食品安全问题提供思路的新组成部分，本质属于食品安全保障体系，可以被看作是为已有食品安全保障体系提供信息服务的管理工具（吕志轩[8]，2009；李春艳[9]，2010）。胡庆龙、王爱民（2009）认为可追溯制度中的制度安排能向经济主体发出信号，以形成有效的激励约束机理，并认为食品可追溯体系是一种特定制度安排下的具体溯源形式，是一整套溯源机理以技术方式的呈现。

2.1.2 食品可追溯体系的内涵

最早对食品可追溯体系进行定义丹麦学者 Moe（1998）[10]以及以他为代表的研究者们认为，要实现食品信息的回溯与跟踪就必须建立能跟踪产品路线和收集、保存数据的食品可追溯体系。Opara（2003）[11]认为建立能够检测、标识、过程确认、数据收集分析与传输的食品可追溯体系是实现食品可追溯性的必备要素。Golan（2003）[12]将其界定为食品加工过程或供应链体系中跟踪某产品或产品特性的信息记录体系，并认为企业已经自愿实施的 HACCP 等这类质量管理体系是其中的一种，已经被广泛地应用于食品工业。

全球食品安全形势日益严峻的背景下，各国食品监管部门更为关心的是食品可追溯体系能否有效解决食品安全问题，在2002年的食品法典委员会（CAC）生物技术食品政府间特别工作组会议上，法国等欧盟国家提出了食品可追溯体系的正式概念，认为食品可追溯体系是一种旨在加强食品安全信息传递，控制食源性疾病危害和保障消费者利益的信息记录体系。食品法典委员会（Codex）将其表述为“食品市场各个阶段的信息流的连续性保障体系”。美国学者 Golan（2004）认为食品可追溯体系是被设计用来追踪生产链和供应链中产品或产品成分信息的纪录保持体系。

国内的研究者则对食品可追溯体系的理解与认识存在差异，Food Traceability System（食品可追溯体系）被翻译成多种版本，以于辉（2005）、周洁红（2007）等为代表的学者坚持使用食品可追溯体系这一名称；以周应恒（2002）、周德翼（2007）、修文彦（2008）[13]吕志轩（2009）等为代表的学者则将其翻译成食品信息可追踪系统或可追溯系统，认为食品可追溯体系是追溯食品的信息管理系统（袁晓菁等，2010）[14]；方炎、高观等（2005）[15]则将其翻译成可追溯制度，并认为可追溯制度由记录管理、查询管理、标识管理、责任管理、信用管理五个部分组成。

2.2 食品可追溯体系的推广应用

顺应全球食品安全发展的趋势，推动食品可追溯体系的应用是食品安全监管部门、消费者及研究者十分关心的问题。在食品可追溯体系的推广应用研究中，一部分研究致力于将食品可追溯体系推广到各地区各食品行业。在这方面，周应恒、耿献辉（2002）较早介绍了食品可追溯体系在保障食品安全方面的作用；周洁红（2011）提出了基于农贸市场建立蔬菜可追溯体系的构想[16]；其他成果包括，食品可追溯体系发展现状和问题、实践模式和经验总结等，比如：对欧盟的食品可追溯体系（周峰，2006）[17]、日本的肉类可追溯体系 Clemens (2003)[18]、韩国的农产品可追溯体系（Seo 等，2007）[19]、美国的牲畜可追溯体系（Wiemers[20]，2003；邢文英[21]，2006）、加拿大强制性可追溯体系（Lavoie，2009；Carlberg，2010）[22][23]、匈牙利肉类可追溯体系（Füzesi 等，2010）[24]的经验和总结。此外，陈红华等（2007）[25]、蒙少东（2010）[26]对国内外食品可追溯体系进行了对比分析。

另一部分研究则致力于探讨食品可追溯体系在应用推广过程中面临的阻碍或问题。在这方面，施晟（2008）认为，在食品信息可追踪系统的两大功能回溯与追踪之间，即食品质量安全信息的披露和传递。回溯往往比较容易实现，供应链主体具有积极性进行回溯，为强化内部质量安全控制对产品交易信息进行记录和存档，发生食品安全事故时可以通过这些信息找到物料来源的责任人，减轻自身的损失；而追踪需要更复杂的操作，比较难以实现。此外，进行追踪意味着产品召回或承担质量安全责任，相应的将面临更大的损失，所以各主体往往会隐藏或伪造信息，并没有积极性进行追踪，除非下游供应链主体主动追溯回来[27]。

其次，林金莺（2006）[28]认为食品质量安全信息往往是与企业生产加工方法、工艺流程、配方相关的信息，追踪意味着将这些信息公开，会引发商业秘密问题。迈克尔·波特在《竞争论》中指出：企业对信息的控制是执行竞争战略的有效手段，如果企业可以从特定信息中获利，则不会将其公开化。企业的食品质量安全信息匿名价值消失，使得企业不愿意进行追踪或者参与建立食品可追溯体系（于辉，2005）。信息的传递出现问题，供应链主体之间彼此信息共享和紧密合作，提高供应链的协作和一体化程度，提高供应链效率就无从实现。

不少研究者还认为，在食品安全保障体系中，已经存在食品标识制度、HACCP/GMP/ISO 等众多质量安全控制体系，这些体系能对食品生产加工环节的质量安全信息提供有效管理，陈红华（2007）认为食品可追溯体系能将这些体系整合起来，实现对整个食品供应链进行有效的信息管理，但根据美国学者 Golan（2003）的观点，这本质上属于功能的重复、增加不必要的成本、造成资源浪费，特别是强制要求建立食品可追溯体系时，会给企业等带来额外的成本[29]。Goldsmith（2004）进一步分析指出此时食品可追溯体系并不能给消费者带来额外的价值[30]。

于辉（2005）则对食品可追溯体系的建立与运行成本的分担十分担忧，认为政府建立食品信息可追踪系统的目的是增加社会福利确保消费者健康，企业是从自身利益最大化的角度从事生产经营，两者决策动机和过程不同，必然导致在确定食品质量安全信息的社会最优供给与个体最优供给之间存在差异或冲突，导致两者在成本分担等问题上难以达成一致[31]。

2.3 食品可追溯体系的成本效益

成本效益是衡量食品可追溯体系效率十分重要的标准之一，食品可追溯体系是否具有效率在理论上是一个尚未解决的问题，在推广应用过程中被学者们广泛关注。Golan（2003）指出食品可追溯体系与食品市场上已经大量存在的 HACCP、GMP 等体系在功能与作用机理方面并无太大差异，所以建立食品可追溯体系的价值与成本相比而较小，特别是被强制要求建立的时候，食品可追溯体系难以实现市场价值。

在食品可追溯体系的实际推广和应用当中，成本与效益被认为是成功建立食品可追溯体系的关键，是消费者、企业与政府等所有利益相关主体都十分关心的问题。在基于信息论观点中，企业被认为是建立食品可追溯体系的主体，围绕企业建立食品可追溯体系的成本效益的研究也较多。Wilson 等（2005）对美国小麦出口企业为满足欧盟食品可追溯要求建立食品可追溯体系的成本进行了研究，成本包括认证、检测等方面发生的费用，同时认为消费者的支付意愿较低不足以抵消建立食品可追溯体系的成本给企业带来了风险[32]。Gellynck 等（2007）则对企业为满足消费者的可追溯要求而建立食品可追溯体系的成本进行了分析，发现不同要求下建立的食品可追溯体系的成本有较大差异，且随企业的规模等变化。Menrad（2009）等运用仿真模型对德国和丹麦建立转基因食品可追溯体系的成本进行了测算[33]。Sparling 等（2006）对加拿大乳制品企业建立食品可追溯体系的成本-效益进行了实证分析，结果显示不同企业的成本-效益情况有巨大差异[34]。Pouliot（2008）对加拿大魁北克强制性牲畜食品可追溯体系的成本效益进行测算[35]。

实际上，由于成本与效益的影响因素十分广泛和复杂，建立食品可追溯体系并非企业能够单独完成，对所有主体参与建立食品可追溯体系的成本效益，即整个食品可追溯体系建立成本效益进行研究更有实际意义。建立食品可追溯体系必须给相关主体带来好处，否则没有存在的价值，当然这里的效益不仅包括经济方面的效益，还包括社会方面的效益等。Brofman 等（2008）运用面向对象法对建立食品可追溯体系的经济效益进行了评价[36]。杨秋红等（2008）对建立食品可追溯体系的成本效益的影响因素、成本效益的理论构成进行了详细的分析[37]。陈红华（2011）以北京市某蔬菜企业为例采用 Shapley 值法对建立食品可追溯体系效益在整个体系中各主体之间的分配问题进行了研究，并认为这是保证体系顺利运行的关键，得到许多有益的启示[38]。

2.4 食品可追溯体系的功能与作用机制

2.4.1 食品可追溯体系的功能

基于对食品可追溯体系的本质是信息记录和传递体系的认识，已有的研究对食品可追溯体系的功能进行了大量卓越而有成效的分析，并形成了以下三种观点：

（1）畜禽疫情和食品污染风险控制论

食品可追溯体系产生于欧洲疯牛病等重大恶性食品安全事件频发的背景下，最初的概念框架来自于欧盟为应对疯牛病危机于 2002 年开始建立的活牛注册和验证体系。不少研究者认为，频发的畜禽疫病和食品污染是欧美等面临的主要食品安全问题，建立食品可追溯体系是为了提升社会公众对政府食品安全监管的公信力，通过食品可追溯体系能实时召回问题产品，控制疫情的扩散，避免给安全食品的提供者带来损失，从而最大程度降低食品安全风险以及食品安全事件爆发的经济、社会成本。

在这类研究方面，Moises 等（2007）[39] 与 Busato 等(2009)[40]建立了食品可追溯体系降低食品安全召回成本的概念模型，并用疯牛病爆发的模拟数据及模型进行的调整和参数估计，结果显示建立食品可追溯体系能够降低召回成本并促进质量安全管理的改进；Hagerman 等（2010）运用美国陆军流行性疾病扩散模型对可追溯情况下口蹄疫的暴发进行了模拟，并运用经济成本模块确定快速有效的追溯降低的疾病爆发成本，结果显示每头牲畜节约的费用远远高于建立系统的成本[41]；Jones等（2011）运用建立的口蹄疫扩散模型对口蹄疫暴发进行了模拟，运用均衡位移模型对食品可追溯体系降低疾病控制成本进行了计算，结果显示通过直接追溯责任人比用食品可追溯体系进行追溯的成本要低[42]。

Monteiro等（2008）运用委托代理模型分析了强制性食品可追溯体系作为风险管理工具在食品供应链中的应用及最佳追溯方式设置的问题，包括不进行追溯、单环节追溯与全链追溯几种，具体方式的设置受建立食品可追溯体系的成本及整个行业能否内化食品安全事件损失的影响[43]。McEvoy等（2008）则运用其建立的模型分析了在食品可追溯体系在能降低整个行业食品安全事故成本时各供应商是否会建立食品可追溯体系的问题，但由于该模型假设条件相当苛刻，使得研究结论面临极大的挑战[44]。Pouliot（2010）则对建立食品可追溯体系给整个社会带来的福利效应进行了分析和测算[45]。

（2）食品可追溯壁垒应对论

不少研究认为建立食品可追溯体系在很多情况下是一种应对出口贸易壁垒、国际竞争加剧、政府加强食品安全规制、生物反恐、满足消费者的信息需求以及社会伦理等方面出现的变化的策略（马晨清，2011）[46]，旨在促进食品贸易，确保食品企业的产品竞争力，以赢得市场竞争。在这类研究方面已有大量成果，并得到实证研究的支持。Frohberg等（2006）认为欧盟食品追溯法规对发展中国家构成了贸易壁垒，鱼类等食品安全风险的行业率先建立了食品可追溯体系赢得竞争[47]；意大利水果产业将食品可追溯体系作为竞争策略的一部分以赢得市场（Canavari，2006）[48]；Liddell（2001）认为其他国家猪肉行业食品可追溯体系的建立对美国猪肉行业构成威胁，如果(TTA)① 计划失败那么美国猪肉行业的竞争优势将会降低[49]；Smith 等（2005）分析认为美国畜肉行业建立食品可追溯体系是为了满足国内外市场的各种需求[50]；Cheek（2006）认为出口贸易壁垒、国际竞争的加剧、政府食品安全规制的变化、生物反恐、市场的需求以及社会伦理等因素是影响美国畜禽行业建立食品可追溯体系的主要因素[51]；Barling（2009）认为社会食品伦理方面的变化，如：可追溯性要求，使得规制部门与私人团体正面临越来越多的挑战[52]。

(3) 食品供应链中信息不对称程度降低论

Hobbs（2003）[53]认为食品可追溯体系的主要功能为降低食品供应链中的信息不对程度，并将这一功能进行细分，包括：①追溯问题产品、②确定食品经营者的安全责任、③向消费者传递食品安全信息三方面。Hobbs 还根据功能的不同将食品可追溯体系划分成事后型和事前型两种，事后型具有功能①和②、事前型具有功能③，并用博弈模型详细刻画了两种类型的食品可追溯体系给企业带来的不同影响和结果[54]。

以 Golan（2004）[55]与 Sykuta（2005）[56]为代表的研究者则认为食品可追溯体系的功能类似于认证体系，能通过如实有效的记录和传递产品信息，对包括生产加工、存储流通等环节在内的食品供应链进行全过程的信息化管理；提高供应链的协作和一体化程度，降低供应链中的信息不对称程度，降低链上主体之间的协调和信息交易成本，从而优化食品供应链及生产链结构、提升供应链及生产链效率；强化食品企业生产质量安

---

① The programs for traceability, transparency, and assurance (TTA) in American pork industry。

全控制，降低企业食品事故安全成本，比如召回成本，使得企业可以通过产品质量的提升实现差异化、提高经济效益。

最理想化的模式是，通过对供应链条中各个环节的食品安全信息进行跟踪与追溯，上下游各个成员行为主体彼此信息共享和紧密合作，形成集成化供应链（Integrated Supply Chain)，结成利益共同体，向消费者、行业机构及监管者提供有关产品安全的真实可靠的信息（乔娟，2007）。

持上述观点的研究者认为，只要将食品的成分、生产与加工等与食品安全相关的信息加入到食品可追溯性包含的追溯内容当中，通过食品可追溯体系加强对这些信息的管理，并将其在整个供应链中进行有效传递，降低供应链中信息不对称程度，增加食品安全信息供给，食品安全问题就能迎刃而解。

2.4.2 食品可追溯体系的作用机制

食品可追溯体系的功能如何发挥，作用机制是怎样的？已有的研究一致认为，降低食品供应链中的信息不对称程度是食品可追溯体系的主要功能。相应的作用机制为：企业通过建立食品可追溯体系能提升产品质量安全，并将食品质量安全信息显示出来传递给消费者，降低消费者购买前的信息搜寻成本和辨别食品质量的难度；反过来，消费者通过食品可追溯体系将偏好信息传递给企业，并为可追溯食品支付额外的费用，企业为实现利润最大化、赢得市场竞争，努力提高质量管理水平并将信息通过食品可追溯体系传递给消费者；各企业之间通过合同等形式分享建立食品可追溯体系带来的效益，共同负担相应的成本，彼此协同和合作，并相互监督激励。

Sumner（2006）等人在此方面做了相当细致深入的研究，认为食品可追溯体系引起预期食品安全成本效益的变化在促使食品企业提供安全食品[57]。此外，Hobbs（2003）等人认为，食品可追溯体系功能的发挥还必须依赖完善的外部规制环境，只有存在完善的法律法规体系，消费者才会采用食品可追溯体系去追溯食品经营者的责任，此时消费者在发生食品安全时获得赔偿的概率更高。Starbird（2006）等人则通过研究认为，只在外部规制环境中已经存在食品检验检测体系下，才能确定产品是否有问题，食品可追溯体系的作用机制才会有效[58]。

较具有代表性的是 Moises（2008）[59]的研究，他运用委托代理模型对假定只存在企业与消费者的食品市场中，食品可追溯体系如何激励企业向消费者提供食品安全的机制进行了分析。下面就该模型对食品可追溯体系的作用机制做简要分析。

假设市场中只存在消费者与食品企业两者，消费者是委托人，制定并公布食品追溯体系契约的内容，包括食品的安全程度、食品追溯体系的有效性以及相机抉择的支付水平；观察到消费者提供的契约条款后，企业决定是否加入契约建立和运行食品可追溯体系。一旦企业加入契约，他生产的食品还要必须经过食品检验检测体系的检测，同时为达到甄别食品安全问题发生源头的目的，食品追溯体系将会被判定为起作用或者不起作用。最后，食品消费者将根据合约执行情况，支付给企业费用。

企业是否建立和运行食品追溯体系的决策由效用方程来表示，取决于它获得的支付水平和建立和运行食品追溯体系需要付出的成本。假设企业生产食品的主要成本是为提高食品安全所付出努力程度的函数。假设支付水平正效用与努力水平负效用相互独立，那么企业的效用方程 U，是：

$$U(I_i, e_i) = u(I_i) - c(e_i) \tag{2.1}$$

$U(\cdot)$ 是冯·纽曼-摩根斯坦效用方程（Von Neumann-Morgenstem Utility Function），$u(\cdot)$是由 Mas-Collel，Whinston 和 Green 定义的贝努力效用方程，$c(\cdot)$ 是努力水平的成本函数。I_i、e_i 分别是企业接受的支付水平和付出的努力程度。$u'(\cdot)>0$，$u''(\cdot)<0$；$c'(\cdot)>0$，$c''(\cdot)>0$；企业不选择建立和运行食品可追溯体系的保留效用是 $U_0=u(I_0)-c(e_0)$。

食品安全程度（也即食品安全的概率）是企业努力程度的函数，$H=H(e_i)$，$H'(\cdot)>0$，$H''(\cdot)<0$。$H(e_i)$ 是一个累积密度函数，意味着食品安全程度随着企业的努力程度增加，但增速递减。

在技术等条件的限制和约束下，食品可追溯体系有效的概率是 f。

食品可追溯体系的失效意味着追溯不到食品的源头，无论食品被检测为安全或者不安全，也不能对企业进行嘉奖或者惩罚，类似于没有建立和运行食品追溯体系前的情况。此时，消费者支付给企业的费用等于企业未建立和运行食品追溯体系前得到的报酬 I_0。而当食品可追溯体系有效时，食品被检测出是安全的时，企业获得的费用是 I_1. 否则将面临处罚 P，这时农户得到的报酬是 I_1-P。

企业观察到消费者提供的合同 U（f，I_0，I_1，I_1-P），只有当建立和运行食品追溯体系获得的期望效用 U_1 大于或者等于未建立和运行食品可追溯体系时的效用，企业才会选择与消费者达成契约。因此企业建立和运行食品追溯体系的个人理性约束是：$U_0 \geqslant U_1$。

若个人理性约束满足，则企业接受消费者提供的合同，并选择食品安全的努力程度 e_1，以此来最大化期望效用，如式 (2.2) 所示：

$$\max_{e\geqslant 0} U_1 = (1-f)u(I_0) + fH(e_i)u(I_1) + f[1-H(e_1)]u(I_1-p) - c(e_1) \quad (2.2)$$

通过一阶必要条件来得到效用最大化水平时 e_1 的内部解：

$$fH'(e_1^*)[u(I_1)-u(I_1-p)] - c'(e_1^*) = 0 \quad (2.3)$$

从（2.3）可以看出，当 f 为 0 时，企业最好的反应结果是 $c'(e_1^*)=0$，即食品可追溯体系失效，企业将会执行最低的安全水平；显然最低的食品安全程度并不一定意味着食品安全可能性 $H(e_1)$ 为 0，否则企业的努力程度会暴露，将遭受市场的惩罚；将如同没有采取追溯体系 $U_1=u(I_0)-c(e_0)=U_0$，企业就会采取最低的努力水平 $c(e_1)=c(e_0)$。

而当食品可追溯体系有效时（$f>0$），由于 $U(I_1)-U(I_1-P)>0$，$H'(e_1^*)>0$，因此，$c'(e_1^*)>0$，这表明如果食品可追溯体系发挥作用，必然会引发企业提高食品安全努力程度。为保证企业建立和运行食品可追溯体系的个人理性约束，消费者必须支付给企业更多的费用（$I_1>I_0$）。

设定效用最大化方程（2.2）中企业的努力程度是食品可追溯体系有效性、提供安全食品获得的费用以及出现食品安全问题时受到的惩罚的连续可微的方程，即 $e_1^*=e_1^*(f,I_1,p)$。

①接下来，分析企业的努力程度如何随食品可追溯体系的有效性变化：

$$\frac{\partial e_1^*}{\partial f} = \frac{-H'(e_1^*)[u(I_1)-u(I_1-p)]}{fH''(e_1^*)[u(I_1)-u(I_1-p)]-c''(e_1^*)} \quad (2.4)$$

由 $H''(\cdot)<0$，$c''(\cdot)>0$，$H'(\cdot)>0$，以及事实 $u(I_1)-u(I_1-p)>0$，得到：

$\frac{\partial e_1^*}{\partial f}>0$，即在其他条件不变的情况下，提升食品可追溯体系的有效性可激励企业付出提高食品安全努力程度。

②在食品可追溯体系有效，并且没有食品安全问题发生时，为研究消费者更高支付水平对企业努力程度 e_1^* 的影响，求方程（2.3）在点 $e_1^* = e_1^*(f, I_1, p)$ 的关于 I_1 的导数，得到：

$$\frac{\partial e_1^*}{\partial I_1} = \frac{-H'(e_1^*)u'(I_1)}{fH''(e_1^*)[u(I_1)-u(I_1-p)]-c''(e_1^*)} \quad (2.5)$$

由 $u'(\cdot)>0$，得到：

$\frac{\partial e_1^*}{\partial I_1}>0$，即在其他条件不变，食品可追溯体系有效且经检测没发生食品安全问题时，消费者更高的支付水平将激励企业提高努力程度。

③最后分析在食品可追溯体系有效，且经检测发现存在食品安全问题的情况下，加大惩罚力度的作用。求方程（2.3）在点 $e_1^* = e_1^*(f, I_1, p)$ 的关于 p 的导数，得到：

$$\frac{\partial e_1^*}{\partial p} = \frac{-sH'(e_1^*)u'(I_1-p)}{fH''(e_1^*)[u(I_1)-u(I_1-p)]-c''(e_1^*)} \quad (2.6)$$

得到：$\frac{\partial e_1^*}{\partial p}$，即在其他条件不变，发生食品安全问题且可通过食品可追溯体系追溯到责任人时，加大惩罚力度将增加对企业的责任激励，使其提高食品安全努力程度。

由以上的分析可以得出：提高食品可追溯体系的有效性、增加对提供安全食品的费用以及加大对提供不安全食品的企业的惩罚力度是提高食品安全水平的必要条件；食品可追溯体系的建立和运行可以降低企业的隐匿行动，增加其生产安全食品的努力水平。但对于企业来说，建立和运行食品可追溯体系所引致的高努力程度的负效用需要消费者支付更多的费用来补偿。而企业对建立和运行食品可追溯体系回报的预期又取决于对可追溯食品的价格预期、对参与食品追溯体系的风险预期以及可能受到的惩罚预期。

2.5 食品可追溯体系的参与主体行为

对参与主体行为的研究主要关注两个问题，一个是探讨食品可追溯体系在推广应用过程中遇到的阻碍因素，推动食品可追溯体系的发展；另一个则是验证食品可追溯体系的功能及作用。主要包括消费者行为研究与企业行为研究两个大的部分。

2.5.1 消费者行为

对消费者行为的研究包括消费者对可追溯食品的认知、购买意愿与支付水平。消费者对可追溯食品的认知方面，Gracia 等（2005）[60]对西班牙消费者与零售商对可追溯牛肉的态度进行的调查分析证实消费者对可追溯食品比较重视，Chryssochoidis 等（2006）[61]对欧盟 12 个国家的消费者的调查却发现，虽然重视但仍然存在认识不足。Mora 等（2006）[62]对意大利和西班牙的消费者对可追溯牛肉的认知进行的调查分析和 Giraud&Halawany（2006）[93]对欧洲 12 个国家的消费者的电话访问证实消费者对可追溯农产品的认知存在地理区域方面的差异。德国、法国、意大利和西班牙的消费者将可追溯性当做揭示质量安全信息的途径（Rijswijk 等，2006；Halawany 等，2007）[64][65]，相比之下，美国消费者更重视 USDA① 出具的食品安全检疫证明（Loureiro，2007）[66]。Stranieri 等（2009）[67]用电话访问的形式对意大利 1 025 名消费者的追溯标签使用行为，结果表明消费者倾向于信息易于理解的标签。Deimel 等（2010）通过对消费者购买可追溯食品行为的调查

① United States Department of Agriculture，即美国农业部。

分析，发现认为可追溯信息代表更高的安全水平的消费者认为可追溯有价值[68]。

国内的研究者普遍认为对可追溯食品的认知是影响支付意愿的最主要因素，并进一步影响实际的购买行为。杨蓓贝等（2009）对成都市区超市消费者的调查发现，对可追溯食品的认知显著影响消费者的购买意愿[69]，吴林海等（2010）[70]与赵荣等（2010）[71]的研究同样予以了证实；周应恒等（2008）基于上海市家乐福超市的调查发现，对可追溯食品认知会影响消费者的购买行为[72]。但 Verbeke（2009）通过对消费者的调查分析显示食品可追溯体系在新鲜肉、鱼及转基因食品中的差异化功能作用并不大[73]；韩杨等（2009）[74]与徐玲玲等（2011）[75]的研究也显示，消费者对可追溯食品的认知度较低，对可追溯食品的购买意愿影响不显著。

消费者对可追溯食品的支付意愿方面。Dickinso 等（2002）对美国消费者对牛肉和火腿的 TTA① 的支付意愿进行了拍卖试验[76]；Hobbs（2003）对加拿大消费者对牛肉和猪肉的支付意愿进行了拍卖试验[77]；Dickinson 等（2003）将加拿大与美国消费者对牛肉和猪肉的支付意愿运用拍卖试验作了对比[78]；Dickinson 等（2005）用维氏拍卖法考察了美国、加拿大、英联邦与日本消费者对牛肉等的支付意愿[79]；Lichtenberg 等（2008）对德国消费者对可追溯猪肉和火腿的支付意愿进行了调查分析[80]，这些研究一致发现消费者愿意为可追溯食品支付额外费用，但比具有高动物福利与安全性的食品

① Traceability（i. e. , the ability to trace the retail meat back to the farm or animal of origin）, Transparency（e. g. , knowing the meat was produced without added growth hormones, or knowing the animal was humanely treated）, Assurances（e. g. , extra meat safety assurances）.

低，愿意平均额外支付 7.1%～21% 的费用。王锋等人（2009）的研究则显示愿意支付的被调查者中 30.1%～62%的人愿意支付高于 10%～30%的价格[81]。

2.5.2 企业行为

对企业行为的研究集中在企业建立食品可追溯体系的动机。已有的研究认为，企业是建立食品可追溯体系的主体，处于整个农产品供应链中的核心位置，具有建立食品可追溯体系的利益动机（杨秋红等，2009）[82]。企业可以借此实现产品差异化以获取最大利润，同时能强化企业产品质量控制、提升存货和供应链管理水平。Buhr（2003）[83]、Stranieri（2006）[84]、Banterle（2008）[85]、Chao-shih Wang（2010）[86]从交易成本的视角详细分析了食品可追溯体系如何通过降低供应链主体之间的信息不对称程度以提高供应链管理效率。此外，部分研究者认为当建立食品可追溯体系成为法律法规、行业等外部规制环境的普遍要求时，为了适应这些变化，企业同样会建立食品可追溯体系（谢筱、吴秀敏等[87]，2012；周洁红等[88]，2012）。

Heyder 等（2010）对德国食品企业在欧盟强制食品追溯要求下建立食品可追溯体系的行为进行了研究，结果显示法律义务并不是企业投资于食品可追溯体系的最重要原因，外部压力等有更重要的影响[89]。Portera 等（2011）对美国生鲜农产品企业自发的可追溯行动进行了分析，认为这些企业主要是为了促进供应链可追溯、方便召回与隔离食品安全污染源头[90]。Galliano 等（2008）对法国农业企业建立食品可追溯体系的影响因素进行了实证分析，结果显示企业的组织结构与竞争特点、行业与当地环境等有显著影响[91]。Bulut 等（2007）对美国爱荷华州屠宰与加工企业建立食品可追溯体系的水平及影响因素进行了实证分析，结果显示产品特性、企业组织结构及安全风险有显著影响[92]。Banterle 等（2009）对意大利零售商运用食品可追溯体系管理供应商以进行品牌建设行为进行了分析[93]。元成斌（2009）将企业的追溯行为模式分成工具型和战略型，工具型又分为工具质量型和工具效益型[94]。刘清宇（2010）对浙江省 66 家生猪屠宰加工企业自愿参与建立食品可追溯体系的行为进行了研究，结果表明企业自愿参与建立食品可追溯体系行为受提高产品质量动机、企业资金实力以及经营业务类型等因素的影响[95]。

2.6 文献评述

从已有的研究来看，对于企业产品质量控制领域的食品可追溯体系，将其应用于企业产品质量控制是可行的，因为在较小的范围内其建立与运行成本易于控制，并能以产品质量的提高作为竞争策略赢得市场竞争取得效益。但如果要将食品可追溯体系应用于对整个食品链的控制，即食品安全全程监管领域，则会遭遇建立与运行成本高、信息传递阻碍、引发商业秘密问题、体系不兼容等诸多问题，这需要从其他角度对食品可追溯体系的本质、内涵、功能及作用机制进行探讨。

但主流的研究并未将用于企业产品质量控制与食品安全监管领域的食品可追溯体系区分开来，将食品可追溯体系的本质笼统界定为信息记录和传递体系，认为记录和传递信息，降低食品供应链中的信息不对称程度，从而加强对食品安全风险的预防和控制是其本质的功能，并运用信息不对称理论对食品可追溯体系的功能、作用机制、推广应用、建立技术、参与主体行为和成本效益问题等进行了大量研究，虽然无论从研究方法、内容还是具体的成果来看，这些研究是卓有成效的。但已有的结论在很多地方值得商榷，比如在已有的研究中，食品可追溯体系的建立和运行是一个技术问题；这些结论也缺乏对现实的解释力，难以解释食品可追溯体系的先行者家乐福的失败（黎光寿，2010）[96]，这类食品可追溯体系在发展过程中遇到的诸多问题。

所以，将两个领域的食品可追溯体系进行区分，分别进行研究是必要的。在食品安全监管领域，越来越多的国家和地区将食品可追溯体系引入监管体系当中，这对于保障食品安全具有较大的意义，随着食品安全形势的加剧，这也必然会引起现实与理论界的更多关注。但运用食品可追溯体系解决食品安全问题的依据是什么的问题，急需要从理论层面予以回答。

鉴于此，本研究对成都市运用食品可追溯体系解决猪肉行业食品安全问题进行考察，结合猪肉安全监管的实际需要，对食品安全监管领域的食品可追溯体系的本质、功能，以及在解决食品安全问题中的作用机制等展开深入、系统的研究，建立起完整的运用食品可追溯体系解决猪肉行业食品安全问题的理论分析框架，在理论和实践层面都具有较大的意义。

3 猪肉行业食品安全问题的理论分析及解决思路

3.1 基本概念与理论基础

3.1.1 基本概念

3.1.1.1 食品安全问题

(1) 食品

国际权威组织和各国政府监管机构根据自身的政策目标和监管内容，对食品以及食用农产品的概念有不同的界定，强调不同的内涵。

满足人类需求、强调加工属性是界定食品概念的两种主要角度。欧盟议会与理事会178/2002法规将食品界定为：不论是加工、部分加工或者未加工的任何用于人类或者可能被人类摄入的物质或产品，美国《联邦食品药品及化妆品法》将食品界定为：人类食用或饮用的物品及构成以上物品的材料，包括口香糖，我国《食品安全法》将食品界定为：各种供人食用或者饮用的成品和原料，以及按照传统既是食品又是药品的物品，但是不包括以治疗为目的的物品；《食品科学与营养百科全书》将食品界定为：最终成为经过化学、生物和物理性质改变了质量和营养价值的产品，将食品划分到工业品范畴。较多的定义同时从两种角度界定食品的概念，国际食品法典委员会(CAC) 193号法典将食品划分成植物源性加工食品、动物源性加工食品、多种成分的加工食品及其他可食用品，加拿大《食品与药品法》将食品界定为：经过加工、销售及直接作为食品和饮料为人类消费的物品，包括口香糖和以任何目的混合在食品中的各种成分及原料。

食品的概念有广义和狭义之分，广义的食品涉及食品卫生立法和管理，包括：生产食品的原料、食品原料种植、养殖过程接触的物质和环境、食品的添加物质、所有直接或间接接触食品的包装材料、设施以及影响食品原有品质的环境（刘为军，2006）[97]；而狭义的食品仅指可供人类食用和饮用的物质，包括可供人类食用和饮用的有营养物质中的原材料和成分，但食品工业的发展使得食品的概念越来越多的强调加工和制作的过程，也即理化性质改变的过程，食品的工业品属性越来越强。

（2）食品安全

食品科技和食品经济体系经过高速发展至今，保障消费者健康成为食品安全政策研究和制定的主要目标之一。排除食品以及从原材料到食用的整个过程中含有的危害因素，或将这些危害因素的含量控制在可以接受的水平构成食品安全的基本内涵。联合国粮农组织（FAO）和世界卫生组织（WHO）（2003）指出这些危害因素指无论是慢性的还是急性的，食品中有害于消费者健康的所有因素。

根据所处的食品安全发展阶段和水平，国际权威组织和各国政府监管机构对食品安全的概念有不同的定义，出于对食品安全政策的具体制定、食品安全控制体系的内容和特性等的考虑，逐渐将其与食品卫生、食品质量等的概念进行严格的区分。1984年世界卫生组织（WHO）在《食品安全在卫生和发展中的作用》中，将食品安全（Food Safety）与食品卫生

(Food Hygiene) 作为同义语，定义为：生产、加工、储存、分配和制作食品过程中确保食品安全可靠，有益于健康并且适合人消费的种种必要条件和措施，1996 年在《加强国家级食品安全计划指南》中则把食品安全与食品卫生作为两个不同的概念加以区别；其中，食品卫生指为了确保食品安全性和适用性在食物链的所有阶段必须采取的一切条件和措施，而食品安全被定义为对食品按其原定用途进行制作或食用时不会使消费者健康受到损害的一种担保。《食品安全管理体系—对食品链中的任何组织的要求》(ISO22000：2005) 中将食品安全定义为：食品按照预期用途进行制备和（或）食用时不会伤害消费者的保证。我国《食品安全法》(2009) 将其定义为：食品无毒、无害，符合应当有的营养要求，对人体健康不造成任何急性、亚急性或者慢性危害。联合国粮农组织 (FAO) 和世界卫生组织 (WHO) (2003) 则对“食品安全”与“食品质量”进行了严格意义上的区分，认为食品安全是不可协商的，食品质量包括负面性状如腐败性，污染物、变色、变味等，正面性状如食品的产地、颜色、风味、组织状态，以及加工方法等。

食品安全有狭义和广义之分，狭义的食品安全指食品中不含或含有的所有有害于消费者健康的急性或慢性、有毒、有害物质的量，对人类健康、动植物卫生及其国家经济安全不构成危害或威胁（刘为军，2006）。广义的“食品安全”涉及食品生产与消费以及资源环境开发运用，指以不损害食品生产效率为前提，协调食品供给与环境效率之间的关系，满足人们不断提高的食品质量安全需求，改善并增进食品生产与消费的社会福利水平（王华书，2004）[98]。

食品安全也有相对与绝对之分，首先提出食品安全相对性的是美国学者 Jones (1992)，认为绝对和相对意义上的食品安全是两个不同的概念。绝对安全指确保消费者不可能因食用某种食物而危及健康或造成伤害的一种承诺，也就是绝对没有风险，强调食品安全的零风险、危害物质的零含量。相对安全指一种食物或成分在合理食用方式和正常食量的情况下不会导致对健康损害的实际确定性，重点关注的是食品中危害物质含有的可以接受的最低含量（刘录军，2009）[99]。当然，由于食品科技并不能保证发现或及时发现食品中潜在的危害因素，食品经济体系也越来越复杂，现有的监管体系并不能保证避免危害因素进入食品链条，与较高的食品安全水平对应的是十分高昂的成本，所以不存在绝对的食品安全，经济方面也难以承受，食品政策制定和理论研究中的食品安全指相对的食品安全。

上述对食品安全的定义有两点值得注意：第一，要保障食品安全，食品或构成食品的物质中含有的各种危害人体健康的因素必须有一个人们可以接受的最低含量，我们将其称为食品安全的最低阈值，具有不可协商性；第二，现实中不存在绝对的食品安全，但相对的食品安全必须处于最低阈值与绝对安全之间才有意义，如图 3－1 所示，L_0 为食品安全的最低阈值并具有相应的安全成本 C_0，L_0L 为相对食品安全，安全水平越高其成本上升得越快，食品经营者应该根据生产加工相对安全食品的成本来决定实际的安全程度。

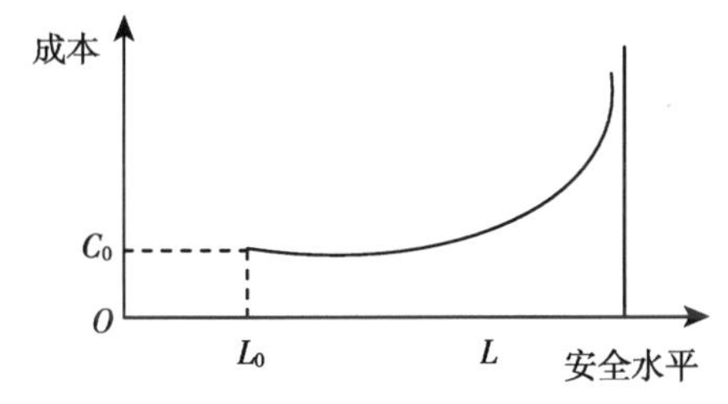

图 3－1　绝对食品安全、相对食品安全与成本

(3) 食品安全危害因素

食品安全危害因素指食品中含有的对消费者健康构成威胁的所有物质。按照这些物质的性质划分，包括：生物性危害因素、化学性危害因素和物理性危害因素三类。这些因素能使食品腐败变质或直接引发食源性疾病，导致人们不适、中毒或死亡等，给人体健康造成不同种类和程度的伤害。随着食品检验检疫学的发展，人们识别的食品危害因素越来越多，并逐渐知道它们对健康带来的伤害。

生物性危害因素主要由环境中普遍存在的微生物、寄生虫和昆虫等构成，微生物又包括细菌、霉菌和病毒三类。

化学性危害因素指天然的、间接或直接加入食品的有毒有害物质，不但能引发与生物性危害造成的相同后果，还可能对人体产生致突变、致癌和致畸等作用。主要包括工业“三废”中的有害金属，以及农药、兽药、食品添加剂、包装材料和容器，以及动植物中天然有毒物质以及食品加工不当产生的有毒化学物质。

物理性危害因素通常指食品生产加工过程中混入的杂质，或由于食品工业中一些新资源和新加工处理技术的使用，食品吸附、吸收外来的放射线核素造成食品污染，包括会造成污染的食品本身或包装材料。

按照污染食品的方式和途径，食品安全危害因素具有不同的表现形式。食品安全危害因素可以从产业链不同的环节中表现出来，而且产业链越长、环节越多，食品受到污染的概率越高；也能以技术的形式表现出来，科技进步一方面推动了食品工业的发展，另一方面新技术、新工艺的使用又给食品安全的控制和技术带来新的挑战，如转基因技术、辐照技术的出现，技术发展水平的滞后往往很难对新技术的安全性做出合理评价；还能以膳食结构和消费习惯的形式表现出来，如营养过剩和失衡、酗酒等同样能导致严重的后果，2004 年安徽阜阳市发生由劣质奶粉导致的“大头娃娃”事件，致使 13 名婴儿死亡，近 200 名婴儿患上严重营养不良症。

(4) 食品安全风险

与概率论与统计中的“事件结果偏离期望值的概率或可能性”不同，在经济学理论中，“风险”的概念往往与“损失”、“不确定性”等联系在一起。在金融保险理论中使用得较多，通常指个人财产由于受自然、社会、经济与制度等因素的影响而面临的不确定性损失。食品中的安全风险指对人体健康产生不良效果的可能性和严重程度，这种不良效果由食品中某种危害因素引起（赵林度，2009）[100]。宋怿（2005）[101]认为食品安全风险是不良效果、可能性以及严重程度的函数，即：食品安全风险＝f（不良效果，可能性，严重程度）。

食品安全风险的发生具有不确定性，包括以下几层含义：①是否带来危害不确定；②发生的时间不确定；③危害状况不确定；④带来危害的后果严重性程度不确定。一般而言，食品风险越高，带来的危害越大。

(5) 食品安全问题

充足的安全食品供给是人类生存下去的首要条件之一。在人类历史进程当中，保障食品安全突出地反映出人们为生存下去而做出的不懈努力，始终伴随人类社会发展的进程。简单地说来，食品安全问题是指，食品安全危害因素通过人为或自然的各种途径进入食品，并超过食品安全的最低阈值，进而引发的消费者生活质量降低、生命健康受损，以及进一步引发的其他各种社会经济政治问题。更为深刻的，食品安全问题反映的是在各种人为和非人为的限制性因素的制约下，安全食品的总供给与总需求在一定时空范围内难以达到均衡，以损失食品质量和安全性为代价来满足食品总需求的矛盾，比如“以次充好”、“以假乱真”等现象的存在，严重威胁着人们的生产和生活；同时，也反映出随着生活水平的提高，食品质量满足不了人们日益提高的要求的问题。

归根结底，食品安全问题的实质是市场上安全食品的有效供给不足。结合图 3－2 来看其内涵：根据对已有研究的整理和分析，食品安全问题形成的影响因素主要有资源约束型因素①、技术约束型因素②与经济信息制度型因素③，在各种因素的限制与综合作用下，首先产生的是粮食安全问题，即食品数

① 资源约束型因素表现为：首先，耕地、水、光热等食品生产性资源在总量上是一定的，且在时间和空间范围内分布不均，特别是不同地域之间的资源分布不均非常明显，而工业和人类生活对耕地等资源的侵占和污染又使得资源缺乏加剧；其次，食品本身作为资源在特性上具有较强的季节性、易腐烂变质等性质，难以最有效的利用；再者，人们对食物的需求具有最低限量，食品具有必需品属性，随着人口的迅速增加，食品消费需求总量不断增加、对食品质量的要求也在不断提高，食品供给在满足数量需求的同时，难以完全满足质量需求。

② 技术型因素表现为：科技能提高食品产量、改善食品品质，食品科技被广泛应用于粮食生产和食品加工，对提高粮食产量和促进食品工业的发展具有重要贡献，但新技术、新工艺的使用同时带来了安全性评价滞后等问题，特别是人为的滥用、错用，许多工业食品可能含有尚未被及时识别的安全隐患。

③ 经济信息制度型因素表现为：首先，经济全球化和供应链管理技术等的发展，使得跨区域、全球性的复杂食品经济体系逐渐形成，现代食品供应链覆盖范围更广、链条更长、主体更多，食品污染传播更快、波及范围更广、危害更大；其次，食品分配方式存在缺陷，进入现代社会，市场是分配食品的主要方式，但出于保护本国农产品的目的而设置的技术性贸易壁垒，极容易引发食品安全方面的贸易纠纷和问题，限制和阻碍食品贸易和经济的发展；食品市场中信息不对称现象客观存在，而且随着食品经济体系的复杂化，信息不对称程度加剧，进而机会主义盛行；再者，食品生产经营主体具有机会主义倾向，不安全生产和经营行为难以避免，加上监管制度的缺陷，监管的缺乏以及失灵，食品生产商和经营商的机会主义行为难以得到有效抑制。

量不能满足需求的问题，接下来才是食品安全问题，即食品质量不能满足需求的问题，两者之间具有较强的内在逻辑关联。从粮食安全的角度来说，即使满足对食品数量的需求，也未必能满足对食品质量的需求。

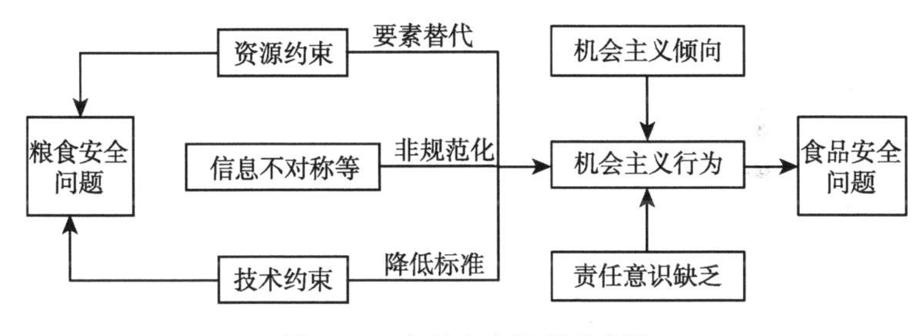

图 3－2 食品安全问题的内涵

从图 3－2 上可以看出，资源与技术的约束将直接限制或制约食品生产能力，形成粮食安全问题[①]。而食品安全问题的形成则主要源于食品经营者的机会主义行为，表现为食品经营者在生产经营过程中降低质量安全标准，进行非规范化生产经营，以及在生产经营过程中进行要素替代等；机会主义倾向以及责任意识的缺乏是食品经营者机会主义行为发生的内在原因，而资源与技术的双重限制或约束，是食品经营者倾向于进行要素替代和降低质量安全标准的外在原因，此外，食品市场中存在的严重信息不对称则为食品经营者进行非规范化生产经营提供庇护[②]。那么，在市场无外部力量的干预下，比如：政府监管体制、制度存在漏洞、监管缺失时，由于市场无力约束和纠正各食品经营者的机会主义行为，食品安全问题发生的可

① 人口的增长、社会环境的动荡、粮食流通和分配体系的不足以及自然灾害等因素也对粮食安全问题的形成具有重要影响。

② 此时暗含的假设是，食品生产经营主体以追求利润最大化为目标。

能性非常高，而且会愈发变得复杂和严重，最终导致市场上优质食品的有效供给不足。

也可以理解为，此时市场能提供的优质食品的数量有限，虽然满足了人们对食品数量的要求，但未能满足人们对食品质量的要求。

3.1.1.2 猪肉行业的食品安全问题

(1) 猪肉安全危害因素

首先看猪肉安全危害因素的类型。生物性危害因素：造成的猪肉污染十分严重，对人体健康具有较大的破坏作用。猪肉中比较常见的生物性危害因素，以及污染的途径、对人体健康造成的危害见表 3－1。

表 3－1 猪肉中常见的生物性危害因素及对人体的危害

种类	污染的途径	对人体的危害
	细菌类	
①沙门氏菌	生猪屠宰前感染、宰后及粪便污染	肠道疾病、食物中毒
②变形杆菌	熟肉和内脏制品的保存不当	食物中毒、婴儿腹泻
③李斯特杆菌	猪肉未充分消毒	脑膜炎及败血症，脏器实质性病变
④炭疽杆菌	病猪肉及其加工制品	皮肤炭疽、肠炭疽、肺炭疽
⑤鼻疽杆菌	带病猪肉	全身疼痛，局部形成硬结
⑥猪链球菌	带病猪肉	脑膜炎、败血症或心内膜炎等
⑦布鲁氏杆菌	猪肉未煮熟	发烧，关节疼痛
⑧猪丹毒杆菌	病猪的分泌物、排泄物污染	败血症

（续）

种类	污染的途径	对人体的危害
	病毒	
①口蹄疫病毒	带病猪肉	水疱，低血症，神经炎、心肌炎等
②高致病性禽流感病毒	禽肉、禽蛋，禽排泄物、尸体	内脏出血、坏死
③猪瘟病毒	带病猪肉	引发沙门氏菌中毒，表现为肠胃炎
④猪水疱病毒	带病猪肉，排泄物	感染
⑤猪蓝耳病毒	带病猪肉	尚不明确
	寄生虫	
①囊虫	寄生	皮下及肌肉囊尾蚴病、脑囊尾蚴病、眼囊尾蚴病
②旋毛虫	寄生	初期：恶心、呕吐、腹痛；中期：急性血管炎和肌肉炎、实质性器官如心、肝、肺、肾等功能损害；末期：败血症或合并症导致死亡
③弓形体	寄生	发热、肌肉疼痛、皮疹，淋巴结肿大、心肌心包炎、肝炎、肾炎等
④阿米巴原虫	寄生	腹泻，肝大、肝区疼痛，肠外阿米巴病
	昆虫类	
①苍蝇/蚊虫	饲料污染或叮咬	肠道传染病或寄生虫病
②蟑螂	饲料污染或叮咬	肠胃炎、食物中毒或痢疾

资料来源：郑火国. 食品安全可追溯系统研究［D]. 北京：中国农业科学院，2012.

化学性危害因素：猪肉中兽药残留的污染最为严重，最为常见的类型和危害见表 3-2，其中激素是近些年出现的新类型。此外，猪肉本身也含有天然有毒物质，如猪甲状腺（俗称“栗子肉”）、猪肾上腺（俗称“小腰子”）、病变淋巴腺（俗称“花子肉”）、病变猪肝等，人食用后，会导致中毒，严重者可能危及生命。

表 3-2　猪肉中常见的化学性危害因素及对人体的危害

兽药类	污染的途径	对人体的危害
①抗生素类	青霉素、四环素、杆菌肽、庆大霉素、链霉素、红霉素、新霉素、土霉素、黄霉素、氯霉素等	过敏反应、损害肾脏，产生耐药性
②磺胺类	磺胺嘧啶、磺胺甲基嘧啶、磺胺二甲基嘧啶、磺胺甲恶唑、甲氧苄啶等	过敏反应、抑制造血系统、产生耐药性
③硝基呋喃类	喃唑酮、呋喃西林、呋喃妥因等	胃肠反应、超敏反应，肾功能不全，致癌、畸变和基因突变
④抗寄生虫类	苯并咪唑、左旋咪唑、克球酚、吡喹酮等	致癌、畸变和基因突变
⑤激素类	己烯雌酚、喹乙醇、盐酸克伦特罗、孕酮、睾酮、雌二醇等	致癌，儿童早熟、发育异常

资料来源：郑火国. 食品安全可追溯系统研究［D］. 北京：中国农业科学院，2012.

物理性危害因素：物理性污染涉及一些深加工猪肉产品。除此之外，猪肉中最为严重的物理性污染要数注水，不但严重降低猪肉的品质，还会造成病原微生物污染，对人体健康造成的潜在威胁很大。

生物性危害因素被公认为是食品行业中最重要的食源性危害因素，在猪肉行业中也最为严重；近些年，其他两类危害因素也趋于严重化。

接下来看猪肉安全危害因素的表现形式，总体来看，无非自然和人为发生两种，依据该思路，对猪肉中安全危害因素的表现形式进行具体分析：

自然发生的形式：

①生猪疫病。疫病是影响我国生猪产业发展的一种灾害性因素，主要由致病细菌、病毒和寄生虫污染饲料、水源和圈舍、或者通过蚊虫的叮咬等直接感染生猪引发，容易引起人畜共患病。客观来讲，微生物在环境中广泛存在，动物本身易受感染，疫病的发生具有较高的概率和一定的周期性。

疫情的发生不但会使养殖户蒙受损失、影响养殖户收入的增加，也使我国生猪产品在质量安全方面缺乏竞争力而影响到出口，严重制约着我国生猪产业的健康持续发展。

站在食品安全的角度，疫病是最重要的猪肉安全污染源，严重的生猪疫病不但直接影响着消费者的身体健康，病死猪肉流入市场还会引发更加严重的社会、经济问题，这在近些年的食品安全事件中呈不断上升的趋势。2005 年 6 至 8 月，四川资阳市和内江市等地发生的猪链球菌病疫情，导致 200 多人感染猪链球菌，38 人死亡。

根据农业部畜牧公报提供的数据，我国生猪产业中存在猪瘟病、猪繁殖与呼吸综合征、猪囊虫病、炭疽病、猪丹病、猪肺病、布鲁氏菌病等多种疫病种类（表 3－3），在生猪养殖大省湖北、湖南、广东、广西、四川和重庆等有较高的发病率。加上生猪疫病发生方式出现：新疫病的相继出现、传统疾病的非典型化、免疫系统被攻击、侵害哺乳仔猪及断奶仔猪、呼吸道病复合征问题日益突出、初次暴发死亡惨重、循环感染带病生产（吴秀敏，2006）等，生猪疫病防控的难度在增加，这对猪肉安全构成了严重的威胁。

疫病的防控反映着一个国家畜牧业发展水平和食品安全水平。为加强生猪疫病的有效防控，近些年，我国政府不断加大防疫法律法规、监控体系的完善力度，增加资金和科技投入，保持动物防疫工作与国际接轨，从 2004 年开始已经逐步建立起基于全国范围的动物标识和疫病可追溯体系。2007 年世界动物卫生组织第 75 届国际大会召开，中国重新成为该组织的正式成员。

②直接的生物性污染。猪肉具有较长的产业链条，从养殖到餐桌需要经历多个环节，致病细菌、病毒和寄生虫等容易在产业链条中传播，每个环节中猪肉都容易受到直接污染，特别是屠宰、运输、销售、深加工和餐饮等关键环节。受到污染的猪肉流入市场同样会导致严重的社会、经济问题，所以直接的猪肉生物性污染问题不容忽视。严格规范猪肉生产操作行为，发展猪肉冷链供应等是防止生物性污染的重要方式。

③生物性危害因素自然发生的方式还包括猪肉中天然有毒物质产生作用。但在个人经验的积累和正确的消费指导下，容易被消费者识别，构成的威胁并不大，所以对此不做过多阐述。

表 3-3 我国常见生猪疫病情况统计

项目	A		B		C		D		E		F		G	
	(1)	(2)	(1)	(2)	(1)	(2)	(1)	(2)	(1)	(2)	(1)	(2)	(1)	(2)
天津	0	0	0	0	0	0	0	0	31	7	67	6	0	0
河北	0	0	49	0	21	1	0	0	288	32	683	61	104	0
山西	0	0	1056	1056	0	0	0	0	0	0	0	0	296	0
内蒙古	0	0	0	0	0	0	19	19	92	3	7	2	8476	44
辽宁	0	0	0	0	10	10	0	0	19	5	24	8	208	0
吉林	0	0	0	0	0	0	0	0	7	4	50	0	0	0
黑龙江	183	173	0	0	0	0	75	75	0	0	12	12	0	0
上海	0	0	436	76	0	0	0	0	448	153	1068	331	4	0
江苏	0	0	75	22	0	0	0	0	262	45	828	215	26	0
浙江	44	17	537	120	0	0	0	0	705	53	1796	451	370	0
安徽	369	128	178	13	0	0	0	0	1104	216	461	101	0	0
福建	1488	1086	0	0	50	6	0	0	503	40	650	114	33	0

（续）

项目	A		B		C		D		E		F		G	
	(1)	(2)	(1)	(2)	(1)	(2)	(1)	(2)	(1)	(2)	(1)	(2)	(1)	(2)
江西	8	8	364	176	46	0	0	0	531	96	1 451	236	24	1
山东	0	0	0	0	4	0	0	0	0	0	0	0	0	0
河南	170	44	97	28	0	0	0	0	0	0	18	1	44	0
湖北	3 730	1 579	11 680	3 052	1	1	0	0	6 205	201	10 488	1 357	0	0
湖南	649	251	4 696	1 268	19	1	0	0	4 716	758	5 640	1 283	0	0
广东	30 567	8 017	3 386	486	1	0	0	0	16 030	1 346	89 554	12 566	11	0
广西	6 163	4 357	4 362	1 568	30	4	1	1	11 442	1 856	25 843	3 948	1	0
海南	2	2	0	0	0	0	0	0	90	30	622	255	0	0
重庆	65	33	2793	881	387	1	0	0	17 871	2 331	25 148	4 619	0	0
四川	0	0	2228	1963	2	0	0	0	4 905	621	6 094	1 171	2	0
贵州	3 226	2 357	541	1	16	4	0	0	3 304	460	3 833	841	0	0
云南	1 277	424	0	0	62	8	6	0	1 124	189	5 917	1 419	0	0

（续）

项目	A		B		C		D		E		F		G	
	(1)	(2)	(1)	(2)	(1)	(2)	(1)	(2)	(1)	(2)	(1)	(2)	(1)	(2)
西藏	54	47	21	21	0	0	0	0	0	0	0	0	0	0
陕西	2 266	488	97	10	1	1	0	0	406	42	508	107	3	0
甘肃	2 515	1 127	1 126	1 517	0	0	14	12	74	29	309	135	271	0
青海	610	526	0	0	3	3	113	38	92	38	303	179	65	30
宁夏	1 440	428	199	100	0	0	25	25	56	18	230	184	2 553	0
新疆	304	129	0	0	0	0	0	0	6 115	1 099	7 684	871	256	7

注：A. 猪瘟病（Classical Swine Fever）；B. 猪繁殖与呼吸综合症（Porcine Reproductive and Respiratory Syndrome）；C. 猪囊虫病（Porcine Cysticerosis）；D. 炭疽病（Anthracnose）；E. 猪丹病（Swine Eeysipelas）；F. 猪肺病（Swine Pasteurellosis）；G. 布鲁氏菌病（Brucellosis）。

（1）发病数；（2）死亡数。

表格中的数据不包括中国香港、澳门和台湾地区，北京未发现病例，数据时间为 2008 年 11 月至 2011 年 12 月，中间缺失 2009 年 1 月的数据。

资料来源：作者根据 2011、2010 和 2009 年的农业部兽医公报公布的数据整理，详见 http：//www.cadc.gov.cn/Sites/MainSite/List _ 2 _ 1996.html。

人为因素：

①环境污染。这里的环境指次生环境[1]，环境污染是人类活动的产物。一般的环境污染主要包括生产、生活中的废气、废水和固体废弃物污染，以及放射性物质污染。人类对环境问题的关注始于20世纪60年代，标志性事件是《寂静的春天》一书的出版，该书的作者是美国海洋生物学家蕾切尔·卡逊，她在书中做出了惊世骇俗的关于农药危害人类环境的预言。该书的出版引发了人类史上首次对农药使用等造成的环境污染问题的讨论，使得人们的思想从“征服自然环境”转变到“保护并与环境和谐相处”。该书的内容主要围绕20世纪中期被广泛使用的农药DDT引发的环境污染问题展开。DDT在我国又叫滴滴涕、二二三等，是一种合成的有机杀虫剂，具有很强的毒效，在20世纪上半叶被广泛用于蚊蝇传播的疟疾、伤寒等疾病的控制、农业病虫害防治，在提高农作物效益方面发挥了重要作用。DDT及其毒性的发现者、瑞士化学家保罗·赫尔满·米勒并因此获1948年诺贝尔生理学和医学奖。但《寂静的春天》一书使人们认识到自身的短视，看到DDT给环境和人体健康带来的巨大危害，虽然受到与之利害攸关的生产与经济部门的猛烈抨击，最后政府部门仍然不得不介入，将限制和规范使用农药、保护环境提上议事日程，并于1970专门成立了环境保护署。如今，DDT在世界范围内早已被禁止使用，其他危险农药的生产量和使用量却在大幅增长。农业生产过程中，化肥等其他投入品也被大量使用，造成残留问题，严重污

① 次生环境是相对于原生环境而言的。原生环境是指天然形成，并未受人为活动影响或影响较小的环境。次生环境是指在人类活动影响下，其中的物质交换、迁移和转化，能量、信息的传递都发生了重大变化的环境。按其性质，可分为物理性、化学性和生物性三类。

染了农产品源头，改变了环境中的物质组成结构，有毒有害物质通过富集作用在土壤、水质、大气中聚集，对生猪的饲料以及饮用水、加工用水等造成污染，蓄积在猪肉中，造成猪肉安全污染。在前些年，国内仍然有猪肉中检出DDT存在的报道（表3-4）。

表3-4　部分地区猪肉产品农药残留检测结果

检测项目(PPM)	检测结果			
	成都肉样	成都肝样	重庆肉样	重庆肝样
DDT	0.080 2±0.002 50	0.047 9±0.001 6	0.070 1±0.001 96	0.092 1±0.008 5

资料来源：何杰．影响食品质量安全因素的探讨［J］．饲料研究，2003（9）：10-13.

②兽药残留。我国消费者对猪肉的消费需求总量连年增长，动物规模化、集约化养殖逐渐兴起。生猪的集中饲养使得疫病传播、交叉感染更为容易，大量兽药被用于疫病防治、疫情风险控制；受经济利益的驱动，兽药还被用于缩短饲养周期，促进畜产品产量增长。兽药使用的不当会引发严重的兽药残留问题，据统计，在畜产品中兽药残留的90%以上是人为给予的（张姝楠，2008）[102]。

在规定的休药期①内，兽药会经过生猪自身新陈代谢后排出体外，在理论上并不会造成残留问题。但许多养殖户由于自身素质的限制，没有正确的兽药使用观念、不能按规定用药，加上受经济利益的驱动，不按规定剂量、范围、配伍和休药期用药的现象广泛存在，归纳起来，大致存在以下几种情况：不遵守休药期相关规定；不按正确方法使用兽药；滥用兽药；使用违禁、淘汰或未经批准的药物；屠宰前使用兽药；生猪饲养

①　休药期是指允许屠宰畜禽及其产品允许上市前或允许食用时的停药时间。

和加工过程中的兽药污染。此外，兽药属于科技投入的范畴，科技是把双刃剑，兽药种类在不断更新，兽药的使用存在安全性评价滞后的问题。兽药残留对猪肉安全造成的影响十分严重，是动物源性食品安全的关键控制点之一，世界卫生组织认为不管在当前还是今后，兽药残留都是食品安全问题中的一个重要问题。

鉴于兽药残留的巨大危害，为规范兽药的使用，我国已制定了《动物性食品中兽药最高残留限量》以及《饲料药物添加剂使用规范》等法律法规。2002 年农业部会同卫生部和国家食品药品监督管理局共同发布了第 176 号公告，《禁止在饲料和动物饮用水中使用的药物品种目录》，规定了 5 类 40 种药物禁止在饲料和动物饮用水中使用。并从源头规范兽药生产，2006 年 1 月起国家强制取消了兽药地方标准，要求生产企业统一执行兽药国家标准。

③违规添加剂或生长激素的使用。这是近些年猪肉行业食品安全问题中出现的一个新问题，属于严重的违规违法行为。养殖户为追求经济效益最大化，一方面，使用违规添加剂改变猪肉的外观和内在性状来满足消费者对猪肉的质量需求，另一方面，在饲料中添加各种生长激素来提高饲料转化率、缩短生猪生长周期。这些物质在猪肉中的残留会给消费者身体健康造成严重的伤害。比如："瘦肉精"能使生猪提高生长速度，增加瘦肉率，猪毛色红润光亮，但人食用含有"瘦肉精"的猪肉后会急性中毒，产生心律不齐等症状，严重时甚至致人死亡。据报道，2007 年，墨西哥曾有 200 余人因食用含瘦肉精的猪肉中毒住院治疗。2011 年，河南省孟州市等地发生养猪场采用违禁动物药品"瘦肉精"、有毒猪肉流入双汇集团的事件，曝光后引发了全国各界甚至进口国对中国猪肉质量安全问题的

担忧，引起国家高度重视，政府部门专门组织力量进行整顿，“瘦肉精”检测已经成为必检项目。

④病死猪肉流入市场。该问题的形成与猪肉疫情风险和各猪肉经营者的机会主义行为紧密相关。较高的疫情风险会给养殖户带来较大的损失，甚至是血本无归，养殖户通常会以较低的价格将病死猪肉从违规渠道销售出去以弥补自身的损失；不法商贩则围绕病死猪肉屠宰加工、销售等环节，形成一个短期的、低成本、高利润的价值链，从供应链的各个端口将病死猪肉打入市场，以牟取暴利。

病死猪肉屠宰、销售和加工是政府监管部门重点打击对象，是猪肉安全监管的重点和难点。病死猪肉疫病检疫是生猪运输、屠宰、销售等环节的必检内容，具体由农业、畜牧、商务、工商等部门负责实施。防范病死猪肉危害的难点在于不知道猪肉的来源，而建立食品可追溯体系首先解决的就是这个问题，从而实现对猪肉安全进行有效监管。

（2）猪肉安全风险

猪肉安全危害因素给人体健康带来的影响可能是明显或潜在的、短期或长期的、轻微或剧烈的，食品安全科学很难及时的或以较低成本做出确定性判断，而以追求利益最大化为目的的猪肉经营者的机会主义行为带来的危害具有隐蔽性，从风险角度出发能更好地理解和把握猪肉安全的性质。

“猪肉安全风险”指猪肉中危害因素的含量超过食品安全法律法规中规定的最低限量、或者食品安全性评价中设定的安全阈值，猪肉的安全性降低到不可接受的水平，并给消费者的健康、生命和财产带来损失的概率或可能性。

猪肉安全危害因素是猪肉安全风险形成的主要影响因素，除此之外猪肉本身所具有的特性亦能决定风险的高低，这里的特性主要指与猪肉质量安全有关的性质。从猪肉本身的特性来看，猪肉具有弱质性，具体表现为：对环境要求高，特别是对温度、湿度等较为敏感，易受污染，易腐烂变质，难以存储等；从猪肉的生产过程特性来看，主要包括以下方面：生产周期长，免疫力和抗病能力差，对饲养环境和兽药的依赖性强，生产环节多、过程复杂，任何环节出现问题都将严重影响猪肉的质量安全，所以同样对生物科技、生产主体的素质有较强的依赖性。

(3) 猪肉行业食品安全问题

根据前面的概念界定，猪肉属于食品的范畴，猪肉安全属于食品安全的范畴，猪肉行业食品安全问题属于食品安全问题的范畴，适用于食品安全问题的分析框架与理论同样适用于对猪肉行业食品安全问题的分析。

3.1.2 理论基础

食品安全理论是其他经济学理论工具在食品安全领域内的应用，重在剖析食品安全问题形成的主要原因过程及结果，并提出相应的解决措施。主要包括基于信息经济学的观点、基于市场失灵理论的观点与基于新制度经济学的观点，基于规制经济学的观点。

3.1.2.1 基于信息经济学的观点

20 世纪 70 年代，以斯蒂格利兹（Stiglitz，1961）和阿克洛夫（Acherlof，1970）先后在《政治经济杂志》和《经济学季刊》发表研究论文“信息经济学”和“柠檬市场：质量不确定及其市场机制”为标志，信息经济学正式产生，其后在社会、经济、政治、管理等各个领域得到广泛应用。

在分析食品安全问题方面，尼尔逊（Nelson，1970）和达比和卡尼（Darby，Karmi，1973）等人做出了开拓性的贡献，前者在其经典文献《信息与消费者行为》中根据商品质量信息容易被识别的程度将其划分成搜寻型商品（Search-Goods）和经验型商品（Experience-Goods），搜寻型商品指在购买之前质量可以检验的商品，经验型商品指那些在购买之前质量难以确定的商品；后者指出信任质量的存在，将购买前后都无法辨别质量的商品称为信任型商品（Credence-Goods）。食品的质量安全特性不具有同质性，难以被消费者识别，属于经验品和信任品。食品具有的这种属性被认为是食品市场中信息不对称产生的根源。Antel（1995）则从分析食品安全问题的实际出发，将信息不对称的情况分为两种：①不对称不完全信息，即生产者拥有更多的信息而成为信息优势方；②对称不完全信息，即生产者和消费者信息都不完全，但掌握的信息量相同。信息经济学的观点认为，信息不对称会导致市场交易双方相互逆向选择，并引发食品经营者的道德风险，而最终导致市场失灵，形成严重的食品安全问题。

根据孙小燕（2008）[103]等人的研究，结合食品市场的特征，将Acherlof建立的“完全逆向选择模型”的四个严格的假设条件“信息完全不对称、无外界干预、无退出成本、产品富有弹性”放宽到“信息不对称（但不是完全信息不对称）、有一定的外在干预、考虑退出成本、产品缺乏弹性”，也即“不完全逆向选择模型”，对食品安全问题的形成机制进行分析。

假设食品市场中只存在质量较高的优质食品A和劣质食品B。食品质量信息是对称时，食品市场就存在分别由S_H、D_H和S_L、D_L构成的两个市场。S_H、D_H分别表示为质量较高的优质食品A的供给曲线和需求曲线，S_L、D_L 分别表示为普通食品B的供给曲线和需求曲线。由于优质食品的成本和价格均高于劣质食品，所以 S_H 高于 S_L；由于消费者对质量较高的优质食品愿意支付更多的货币，所以 D_H 高于 D_L，如图3-3所示。

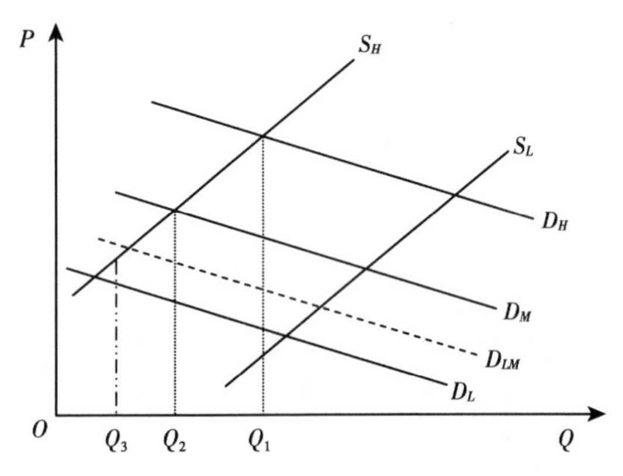

图3-3　食品市场中的不完全逆向选择模型

但在实际的交易过程中，食品生产经营者较消费者了解更多的食品质量信息。对消费者而言，假定他们开始认为购买优质食品的可能性为50%，因而他们会把所有的食品都看作是“中等”质量的。图3-3中 D_M 表示中等质量食品的需求曲线，它介于 D_H 和 D_L 之间。在这种情况下，高质量的食品生产经营者就会由于不能够获得足够的利润或不能够弥补其生产经营成本，而逐步退出市场交易，市场上则会有更大份额的质量较低的食品。当消费者了解到市场上售出的食品都低于其质量预期时，他们所愿接受的价格预期也随着会下降，进而其新的需求曲线也进一步向左移动，可能是如图3-3所示的 D_{LM}，也就是食品是中低质量水平的。如果食品是富有弹性的，完全逆向选择就会出现：消费者对优质食品市场的预期不断下降，如果这样不断地恶性循环下去，直到质量较低的食品甚至劣质食品将完全占领市场，从而使得食品供给曲线变成了 S_L，消费者需求曲线到了一种极端状况 D_L，优质食品的需求为零。

在现实情况中，消费者虽然无法判断单位食品的真实质量，但食品是必需品、需求弹性小，加上部分高收入、健康消费意识强的消费者愿意为优质农产品支付价格贴水，消费者对优质可靠食品的需求会有所下降，但不会完全萎缩；部分实力雄厚的生产、经营商可以通过信息传递机制将自己的产品信息传递给消费者，从而形成高成本、高价格的市场回报机制。因此部分优质可靠的供给商会退出市场，但整体供给不会完全萎缩。食品市场中出现不完全逆向选择，即劣质食品部分地将优质食品驱逐出市场，市场整体质量水平下降（不是持续下降），达到非零均衡，即食品市场中劣质和低质量食品规模存在。

在信息经济学当中，Grossman（1981）、Shapiro（1983）、Caswell&Mojduszka（1996）与 Antel（1996）等人分别基于信息不对称的视角，围绕质量保证（Quality Guarantees）、声誉（Reputation）、信任与信息发布在保障质量产品（Quality Goods）方面的作用，进行了大量而有卓效研究。根据他们的研究结果，可以得出：当食品是经验品时，可以通过信誉机制形成高质量高价格市场均衡，来解决食品安全问题；当食品是信任品，且信息处于非对称不完全状态时，可以通过管制性的干涉和第三方独立的质量见证，有效地将信任品转换成经验品，产品质量认证体系、标签管理、法律和法规、标准体系及消费者教育等信息制度是进行食品安全管理、解决食品安全问题的有效工具。

3.1.2.2 基于市场失灵理论的观点

市场失灵是指市场机制不能带来资源的最优配置，难以实现帕累托最优，甚至出现资源的扭曲配置，造成资源浪费进而降低经济运行的效率（胡代光等，1996）。纵观各种经济理论，导致市场失灵的主要原因及表现有：①自然垄断和不完全竞争；②外部性问题；③公共物品问题；④信息信息不对称问题。导致食品市场失灵的主要是外部性问题、公共物品问题与信息不对称问题。对食品市场中信息不对称问题的分析已经形成单独的食品安全理论分支，基于市场失灵的食品安全理论主要关注的是食品市场中的外部性问题和公共物品问题。

（1）外部性问题

外部性（Externalities）通常指某个经济主体的行为对其他经济主体的利益产生影响，而受影响者没有因为利益受损而得到补偿，也没有因为得到利益而付出代价。可分为正的外部性（或称为外部经济）与负的外部性（或称为外部不经济），前者是指某行为给他人带来了利益，后者是指某行为给他人强加了成本。外部性经济理论的建立者庇古指出，指出造成现实中经常存在的社会边际成本（效益）与私人边际成本（效益）相背离的主要原因之一是“外部（不）经济”。以科斯为代表的新制度经济学家认为，外部性问题之所以会引起市场失灵，原因在于消极的外部性问题会引起供给过度，而积极的外部性问题会引起需求过度，由此必然会导致供求失衡，使社会资源配置偏离完全竞争条件下的帕累托最优状态。食品市场的外部性体现在两个方面：一方面食品市场上的正规生产者和经营者对消费者和非正规生产者和经营者产生正外部性；另一方面食品市场上非正规生产者和经营者对消费者和正规生产者产生负外部性。

(2) 公共物品问题

公共物品（Public Good）是指人类共同享有的物品，其典型的特征是其效用不可分割和消费的独立性、非竞争性、非排他性。不同时具备消费的独立性、排他性和非竞争性的为“准公共物品”，反之为纯公共物品。萨缪尔森在《公共支出的纯理论》、巴特在《市场失灵的剖析》中，运用传统的均衡分析方法，得出公共物品的生产在市场条件下无法得到确切均衡解的结论。

市场在供给公共物品方面失灵的原因是：第一，单个供给方为提供公共物品所支付的成本大于单个消费者从消费公共物品中得到的效益，由此使这种公共物品产生正外部经济效应，从而会出现供给不足的市场失衡问题（Stiglitz，1997）；第二，在公共物品的消费上，由于公共物品具有非排他性和非竞争性而带来“搭便车”问题，致使供给方在市场条件下无从获得其优化配置产生的效益；第三，“搭便车”问题的存在使公共物品市场上的价格信号失灵。这样，市场价格信号便不能引导公共物品的最优配置，由此产生“市场失灵”。

食品具有公共物品属性，体现在四个方面：第一，食品安全环境的享用具有非独立性，当食品安全整体水平上升，每个消费者都会获益；第二，食品具有普通农产品、无公害农产品、绿色食品和有机食品四个质量等级，质量等级较高食品具有“拥挤性产品”和“俱乐部物品”的属性；第三，食品安全信息具有消费的非竞争性、非排他性；第四，食品安全信息的供给需要支付成本，由于供给的边际私人成本远远高于边际社会成本，食品市场上的食品安全信息可能供给不足。

3.1.2.3 基于新制度经济学的观点

在古典经济学、新古典经济学等传统经济学观点中，市场交易双方被假设成是理性的“经济人”，即假设其拥有完全的市场信息及信息处理能力，并以追求效用和利润最大化为目标。这种假设隐含了交易主体都以诚实的方式追求自身利益的最大化，但难以充分解释现实中的经济现象，不断受到各种各样的批判和挑战。新制度经济学的代表人物威廉姆森（Willianmson，1975）认为市场交易主体具有“有限理性”和“机会主义行为倾向”特征，并提出有关机会主义行为的假设。

本质上，食品安全问题是交易主体履行产品质量的合约问题，而相关缔约方的机会主义行为是导致食品安全问题频发的根本原因。在食品市场中，表现为市场、技术、制度环境等不确定的信息不对称现象客观存在；在信息不对称的庇护下，食品经营者等缔约方合作创造价值链，形成灵活进出市场的产供销关系，通过要素替代和质量欺诈等方式进行不安全生产和交易活动，损害消费者和正规生产者的利益（何坪华，2009）[104]。信息不对称成为引发交易主体机会主义行为的诱因，而在有利可图的情况下，食品经营者等缔约方会故意隐藏食品安全信息，发生道德风险，进一步加剧食品市场中的信息不对称程度；而通常情况下，有限理性的交易主体难以辨识食品安全程度也为机会主义行为提供了条件。

在新制度经济学的观点下，政府、第三方机构和企业相结合的混合治理是解决食品安全问题的最有效模式，可以作为解决食品安全问题思考的方向。但是，目前我国企业以通用质量控制资产替代专用资产直接降低食品的安全程度，过度依赖短期市场合约、极端情形下求助于纵向一体化则间接制约了缔约方协作提高食品质量的混合治理的发展；加之监管制度与政策的不确定性诱发交易主体负面的适应性行为，法制支撑私人治理的功能尚待发挥等，使得食品安全问题屡禁不止（沈宏亮，2012）。

3.1.2.4 基于管制经济学的观点

从16世纪下半叶产生的重商主义到古典经济学的创始人亚当·斯密主张的自由主义，再从20世纪30年代凯恩斯（John Maymard Keynes）提出的政府干预主义到A. 哈耶克（F. A. Hayek）的极端自由主义，西方经济学各个学派之间始终围绕政府是否应该干预经济展开激烈的论战。到20世纪80年代，美国经济学家约瑟夫·斯蒂格利茨（Josephe. Stigliz）和保罗·克鲁格曼（Pual Krugman）对此提出新的主张，政府干预经济的思想不但没有被削弱，反而被强化。争论的中心从政府是否应该干预经济，转移到应该如何干预、干预的力度和方式、干预的范围和政府的具体职责等方面。在论战的过程中，经济学家们逐渐认识到：市场机制在处理公共物品、外部性、信息不对称问题导致的市场失灵时存在固有的缺陷，不但不能带来资源的最优配置，难以实现帕累托最优，甚至出现资源的扭曲配置，造成资源浪费进而降低经济运行的效率，政府应该在提供公共物品、矫正外部效应与保证市场信息供给方面发挥积极的作用。

源于政府干预经济的思想，经济学家们提出用政府管制治理市场失灵，在微观经济领域履行政府的微观管理职能，并与保证经济稳定与增长的宏观经济政策一起，构成政府干预经济的两种主要方式。植草益（1992）将由市场失灵所引起的政府管制分为直接管制与间接管制，又将直接管制分为经济性管制（Economic Regulation）和社会性管制（Social Regulation）。

经济性管制是指对自然垄断行业的市场进入和退出条件、价格和消费水平、产品和服务质量等作出明确的规定；社会性规制是指为了保障劳动者与消费者的安全、健康、卫生，达到防止公害、保护环境的目的，政府对某些产品和服务的质量以及为提供这些产品和服务进行的各种活动制定一定的标准，根据这些标准来限制或禁止特定行为，以纠正经济活动所引发的各种副作用和外部影响。社会性管制主要针对的是由外部性、内部性所引起的市场失灵问题，建立强制性的信息披露制度则是主要的管制方式之一。

3.2 猪肉行业食品安全问题的理论分析

3.2.1 猪肉市场中的不完全逆向选择

3.2.1.1 猪肉市场的行业特征

(1) 猪肉具有必需品性质，缺乏弹性

我国消费者具有喜食猪肉的习惯和偏好，对猪肉有着稳定的消费需求。猪肉也成为我国消费者餐桌上最主要的肉食来源，我国居民猪肉消费总量从 1980 年的 1 263.4 万吨增加到 2010 年的 2 352.8 万吨，增长了 186.23%；而人均猪肉消费量从 1985 年的 11.9 千克稳步上升到 2010 年的 17.5 千克，年均增长 3.2%（沈银书，2012）。猪肉关系到我国消费者的生活质量，具有必需品属性，缺乏弹性。

(2) 猪肉经营者构成结构复杂

我国猪肉行业生产经营主体构成结构复杂。在生猪养殖端，虽然规模养殖户数量逐年增加，散养户数量逐渐减少，但由于散养户绝对数量大，到 2009 年总量仍为 6 459.9 万个，占到总养殖户数量的96.22%（沈银书，2012）。在消费端，农贸市场是猪肉消费的主要渠道，猪肉零售摊的数量占销售终端数目绝大部分。在屠宰加工环节，业务日益向大规模、标准化企业集中，小规模不规范的生猪屠宰点仍然大量存在。此外，在生猪流通环节，存在大量的中间商。总体上，我国猪肉行业经营主体构成以生猪屠宰加工企业为中心的哑铃模式，供应链组织化、垂直一体化程度不高。

首先，在生猪养殖端和销售端，主体数量众多，行业集中度较小，属于劳动密集型产业，可复制性强，行业本身不规范，进入壁垒不高，小规模进入可能性大。此时各主体生产经营规模较小，进入和退出市场的成本都较低，成本曲线（C_L）较为平缓，如图3-4所示。其次，在生猪屠宰加工环节，由于其中的主体数目仍然较大。所以我国猪肉市场存在过度竞争，比如：小规模的生产加工企业相互压级压价，以次充好，该环节中存在的猪肉注水现象就是典型的例子。最后，生猪养殖端和销售端的各主体素质参差不齐，总体文化程度不高，食品质量安全意识低。不按标准规范进行生产和经营现象普遍存在，他们在传递猪肉安全信息方面的能力不足，传递信息的单位成本对他们来说也相对较高。

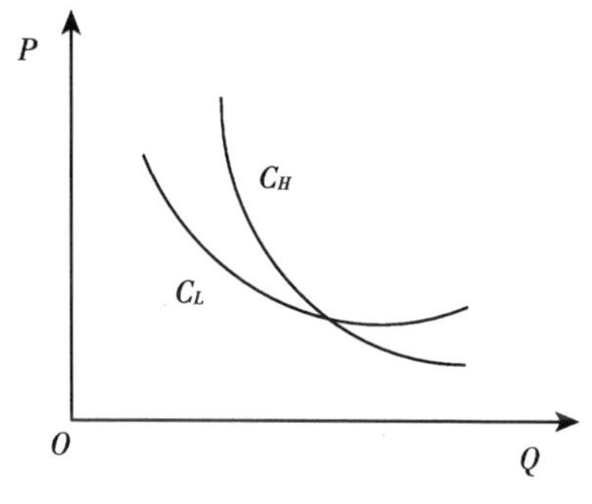

图3-4　猪肉经营者的成本曲线

（3）猪肉市场存在政府的外在干预

猪肉产业链较长，整个产业的产值在国民经济中占有较大比重。近些年的经济运行情况表明，猪肉价格的波动对我国居民消费指数有重要影响，如图 3－5 所示，生猪价格的上涨与 CPI 指数较为密切，变动趋势基本一致，猪肉安全事故会引发较为严重的社会经济问题。猪肉行业是政府部门重点管控的行业。特别是在猪肉质量安全领域，政府部门实行着较强的管制。猪肉市场是一个存在外在干预的非闭合市场。

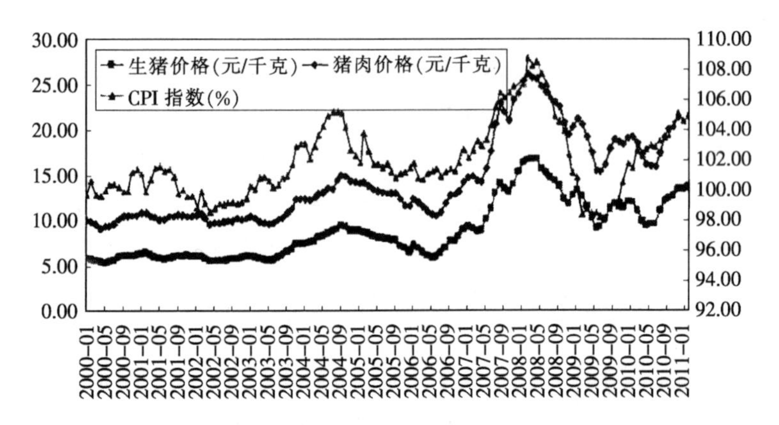

图 3－5 生猪价格、猪肉价格和 CPI 指数走势

资料来源：戴季宁．我国生猪价格波动的原因及对物价等因素的影响分析［J］．金融发展评论，2011（9）：85－89.

（4）在猪肉消费环节消费者存在搜寻品特征倾向

猪肉行业的终端面临着庞大的消费群体。根据王志刚（2003）[105]、周应恒等（2004）[106]等的研究表明，我国消费者对食品安全总体情况比较担忧，但总体质量安全意识仍然不高，加上获取信息需要时间、精力等成本，获得的信息不足，消费者对猪肉质量安全进行识别时具有明显的搜寻品特征倾向，主要依靠感观判别猪肉的安全程度，并根据自己对猪肉安全水平的预期支付价格购买猪肉。此时，不同质量安全程度的猪肉只有一条市场需求曲线 D，如图 3-6 所示。

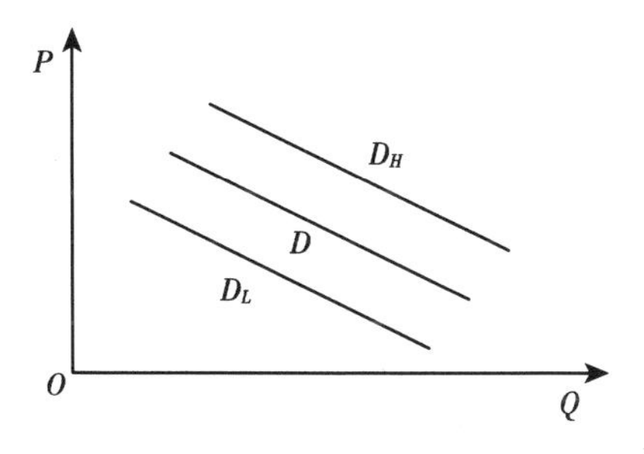

图 3-6 不同质量猪肉的需求曲线

D_H 和 D_L 分别表示高质量和低质量猪肉的需求曲线。D_H 位于 D_L 上方，表示消费者在知道猪肉质量安全程度的情况下，愿意支付更高的价格去购买高质量的猪肉。而当消费者获取的安全信息不足，具有搜寻品特征倾向，就形成所谓的“柠檬市场”，只剩下需求曲线 D，即消费者仅凭对猪肉安全水平的平均预期支付价格购买猪肉。

在消费者具有搜寻品倾向的引诱下，猪肉生产进行主体会采取降低猪肉质量安全水平、改观猪肉的外在属性，来诱导和欺骗消费者，进一步造成猪肉市场上优质猪肉的供给不足。

3.2.1.2 猪肉市场中的信息不对称

这里主要指猪肉市场中猪肉质量安全信息的不对称，存在五种类型：第一，饲料、兽药等生产资料的生产经营主体与猪肉经营者之间的信息不对称；第二，猪肉经营者相互之间的信息不对称；第三，猪肉经营者与政府监管部门之间的信息不对称；第四，政府监管部门与消费者之间的信息不对称；第五，猪肉经营者与消费者之间的信息不对称。

造成猪肉市场存在信息不对称的原因是多方面的，主要包括：第一，猪肉具有搜寻品和信任品特征，就质量安全属性而言，难以从感观性状和根据经验准确判断出猪肉中兽药残留量、是否含有瘦肉精等违规投入品、是否注水、是否含有致病微生物、病毒和细菌等；第二，猪肉经营者的道德风险，肆意降低猪肉质量安全、故意隐藏安全信息，“以次充好，以假当真”；第三，猪肉供应链漫长复杂，连接着生猪养殖户、生猪屠宰加工企业、农贸市场和猪肉零售摊主等众多交易主体，从猪肉生产到消费的各个环节产生的信息丢失和失真会造成整个供应链中信息不对称程度的累积和叠加；第四，缺乏信息传递的载体和手段，以及其本身存在不足。传统传递信息的载体和手段有多种，比如强制性食品标签、认证标识等，但除了市场上小部分品牌猪肉具有信息传递的手段外，绝大部分猪肉直接在零售市场生鲜买卖，而且传统的信息传递的载体和手段难以保证信息的真实性和完整性等；第五，信息传递的外部机制没建立起来，也不完善，包括安全信息发布体系、风险收集和交流体系、信息咨询服务体系的建立和完善等，信息需求方去获取信息的成本太高；第六，综合目前各方面的情况，传递猪肉信息单位成本太高，猪肉经营者为规避较高的信息传递成本，不愿意支付成本传递信息。上述因素决定了猪肉市场中的信息不对称程度远高于其他产品类别的市场。

3.2.1.3 猪肉市场中的不完全逆向选择

运用“不完全逆向选择模型”对猪肉市场中食品安全问题的形成过程展开分析。首先验证猪肉市场是否满足“不完全逆向选择模型”的四个假设：①信息不对称；②产品缺乏弹性；

③市场主体考虑退出成本；④存在外界干预。①、②、④在本章对猪肉市场行业特征的分析中已经得到说明，现在考察第③个假设：猪肉经营者是否考虑退出成本。首先，生猪屠宰加工企业需要考虑退出成本，尤其是对于那些大型加工企业来说，因为一旦退出市场，质量安全专用投资将彻底损失；其次，对于数量众多的养殖散户、零售摊主和中间商来说，他们不需要考虑进入市场时所花费的较低成本，但必须考虑转行就业的成本，这有可能更高。可以看出，猪肉经营者会考虑退出成本，满足假设③。

接下来看猪肉交易双方逆向选择的形成机制。①首先分析完全逆向选择下的情况，即猪肉市场中信息不对称，猪肉经营者拥有猪肉质量安全信息，消费者缺乏猪肉质量安全信息，无法知道猪肉真实质量安全程度；猪肉弹性高；猪肉经营者不考虑退出成本；不存在外界干预的情况：

猪肉市场上同时存在优质猪肉和低质量猪肉，且优质猪肉的生产经营成本高于低质量猪肉；消费者通过自己的观察和经验预期到猪肉的平均质量安全水平，并以此作为依据支付平均价格来购买猪肉，此时市场只存在一条需求曲线。如图 3－7 所示：猪肉市场上存在优质猪肉和低质量猪肉。用供给曲线 S_H 和需求曲线 D_H 来表示信息对称情况下优质猪肉的市场，用供给曲线 S_L 和需求曲线 D_L 来表示低质量猪肉的市场。S_H 高于 S_L，因为优质猪肉的生产经营成本高于低质量猪肉，D_H 高于 D_L，因为消费者愿意为优质猪肉支付更多的价格。

在猪肉市场中信息不对称的情况下，在购买猪肉时，由于消费者无法知道猪肉的真实质量安全水平，只能按经验和观察预期到的平均质量水平（假设为中等水平，即消费者购买到优质猪肉的可能性为 50%）支付价格。此时消费者的需求曲线

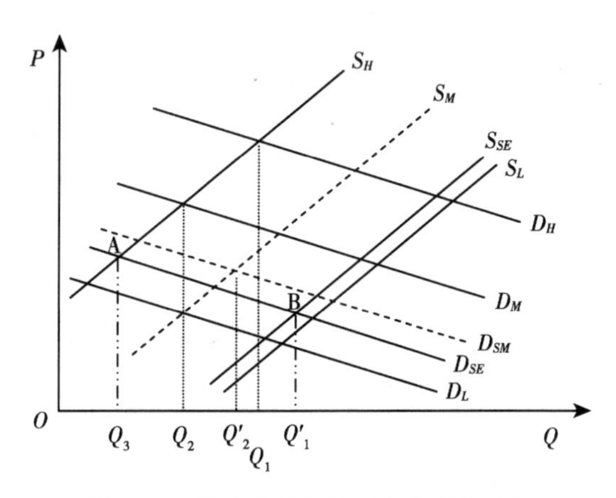

图 3-7　猪肉市场中的不完全逆向选择

用 D_M 表示，介于 D_H 和 D_L 之间，我们可以称其为中等质量猪肉需求曲线，对优质猪肉需求的均衡点在 Q_1，但实际上的需求降到 Q_2。

此时，会引起两个结果：第一，中等质量以上猪肉的生产经营主体由于得不到足够的利润或不能弥补生产经营成本，而选择退出市场，市场上只剩下中等质量及以下猪肉的生产经营主体，此时优质猪肉的供给曲线下移到 S_M。第二，当消费者发现猪肉质量安全水平在降低，对猪肉平均质量水平的预期进一步降低，消费者按预期到的市场上剩余猪肉的平均质量水平（仍为 50%）支付价格。新的需求曲线左移到图中的 D_{SM}。

当市场继续运行下去，消费者继续购买猪肉时，质量高一些的猪肉经营者继续退出市场，消费者对猪肉平均质量水平的预期进一步降低，对中等猪肉需求的均衡点在 Q'_1，但实际上的需求降到 Q'_2。

如此循环下去，消费者对猪肉平均质量安全水平不断降低，高质量猪肉经营者不断退出市场，直到质量较低的农产品甚至劣质农产品将完全占领市场，从而使得猪肉供给曲线变成 S_L，消费者需求曲线变成 D_L，优质猪肉的需求为零。

②接下来分析前面四个假设都成立，不完全逆向选择下的情况，分成两种来讨论：

第一种情况：假设②成立，即猪肉具有必需品属性，猪肉市场缺乏弹性，消费者对猪肉有稳定的需求量，需求曲线从 D_H 下降到 D_L，便不再继续下降。但成立的原因是，部分收入水平高、健康消费意识强的消费者愿意为优质猪肉支付价格贴水，即宁愿支付高价格重复购买优质猪肉，以激励猪肉经营者提高猪肉质量，可以用图中的 A 点来表示，这部分消费对优质猪肉有 Q_3 的需求量。此时，受到激励的猪肉经营者，仍然坚持向市场提供数量为 Q_3 的优质猪肉，特别是那些大型规模的生产经营主体，通过不惜高成本建立信息传递机制，将猪肉质量安全信息传递给消费者，来获得消费者支付的高价格，从而形成一个高成本高回报的机制。

第二种情况：假设②成立，即猪肉具有必需品属性，猪肉市场缺乏弹性，消费者对猪肉有稳定的需求量，需求曲线从 D_H 下降到 D_L，便不再继续下降；假设③与假设④其中任意一个成立。但假设②成立的原因是出于消费习惯、文化、调整膳食与营养结构等因素的影响等，消费者无论如何都会消费猪肉；而且消费者并非完全不具有猪肉质量安全鉴别知识和能力，所以他们拥有能买到优质猪肉的信心。

此时，当整个市场的平均猪肉质量安全水平下降到其产生的危害带来的成本，高于搜寻、获取猪肉质量安全信息、鉴别猪肉质量安全的成本，消费者便会行动起来，或者不购买猪肉，或者为争取消费更高质量的猪肉而付出努力，比如采取诉讼、集体向政府抗议等手段，要求猪肉经营者保证猪肉的质量安全水平。结合假设④政府对猪肉市场的干预，比如猪肉安全监管等，猪肉经营者在消费者和政府的压力下将维持一定的猪肉质量安全水平，表现在图 3－7 中就是，供给曲线从 S_H 下降到 S_{SE}，而不再继续下降，均衡点出现在图中 B 点。

此时，市场上不存在质量在 S_H 以上的猪肉，充斥大量质量在中低水平以下的猪肉。之所以会出现这种情况，需要再次结合假设④来分析。猪肉经营者考虑退出成本，小规模生产经营主体因为转移就业成本太高而不愿意退出市场，大规模生产经营主体因为不愿损失质量安全专用投资而不退出市场。此时，猪肉经营者取代退出市场的理性选择是，通过降低质量标准从而使猪肉平均成本曲线下移，将猪肉的单位平均生产经营成本降低到消费者按照预期的平均猪肉质量安全水平支付的价格之下，在彼此压价的情况下，通过成规模化的生产低质量猪肉来维持正常利润。

综上所述，基于“不完全逆向选择模型”的分析结果表明，当猪肉经营者不考虑退出成本的情况下，均衡点出现在图中的 A 点，大型猪肉经营者通过建立高成本高回报的机制来赢得竞争是可行的；但当猪肉经营者考虑退出成本的情况下，均衡点出现在图中的 B 点，大型猪肉经营者通过建立高成本高回报机制的作用受到限制，转而与其他猪肉经营者一起通过降低猪肉质量安全水平赢得竞争，从而使猪肉市场平均质量安全水平整体下降，市场中低质量猪肉规模存在。

3.2.1.4 不完全逆向选择带来的危害

不完全逆向选择首先会影响猪肉市场的正常竞争秩序，导致整个市场中资源配置效率降低。在市场中存在不完全逆向选择的情况下，猪肉经营者不会退出市场，会通过降低猪肉质量安全水平的方式赢得竞争，求得生存，资源被市场中中低质量猪肉生产进行主体全部占有，市场配置资源的效率无法最大程度实现。如图3-8所示，优质猪肉平均生产经营成本曲线为AC_H，低质量猪肉的平均生产经营成本曲线为AC_L，两种猪肉以相同的价格出售，因为消费者无法识别其质量安全，则生产经营优质猪肉的利润为R_1，现在市场上所有生产经营主体都按低质量标准生产经营猪肉，并获得利润R_1+R_2，R_2整个猪肉市场的生产经营主体获得的超额利润。

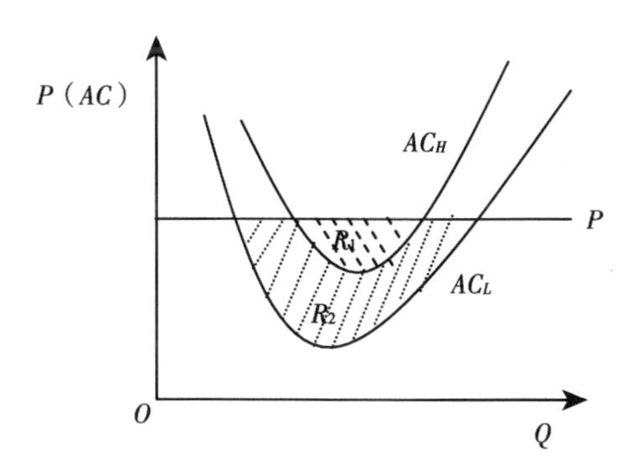

图3-8　生产经营不同质量猪肉的平均成本与利润

其次，猪肉行业食品安全问题会降低社会经济福利水平。猪肉“柠檬市场”通过“不同质量猪肉同一价格”的价格扭曲机制剥夺了消费者剩余。此外，消费者消费低质量猪肉，极可能损害自己的健康，产生额外的医疗费用、工资损失、诉讼费用等。消费者为保护自己的利益，也会花费更多时间、精力以及一些社会资源去鉴别猪肉的质量安全水平，这将造成很大的机会成本以及社会资源的浪费；而政府在猪肉安全监管方面的花费，投入大量的资源，同样是降低整个社会的福利水平。

3.2.2 猪肉市场中的公共物品和外部性问题

基于市场失灵的观点，猪肉行业食品安全问题包括猪肉市场中的公共物品和外部性问题。猪肉市场中的公共物品问题是指猪肉质量安全信息供给不足的问题，猪肉质量安全信息属于公共物品，其供给的私人个人边际成本远远大于从获取信息中获得的边际效益，所以猪肉信息的供给总是不足，难以通过市场机制进行解决。

猪肉市场中的外部性问题主要指：第一，不严格按照有关标准进行生猪养殖、加工和经营，滥用兽药、违禁品，会造成环境污染，如：水源污染，给整个社会带来负的外部性；另一方面，严格按照有关标准进行生猪养殖、加工和经营的生产经营主体同样要承担其他生产经营主体违规生产经营带来的成本。第二，猪肉生产造成的环境污染和猪肉质量安全问题会给消费者带来食源性疾病的威胁，消费者为此要支付医疗费用、承受工资损失等，给整个社会带来巨大的成本。

3.2.3 猪肉质量安全属性的产权转移问题

在新制度经济学中，产品是能给消费者带来效用属性的集合体，产品的生产经营过程通常是对产品的某部分属性进行改变和转化，产品生产经营主体对此部分属性拥有相应的产权，并承担相应的权利和责任，同时，生产经营主体具有机会主义倾向（Williamson，1975）。

产品交易实际上是对产品属性的交易，也即对产品属性产权的转让，交易的效率则决定于对产品属性产权界定的清晰程度。在有限理性的约束下，人们很难完全认识产品的所有属性，所以产品部分属性的产权是很难界定的，产权界定的模糊使得通常意义上的交易实际上并没有完成，交易效率由此受损，此时，如果规避部分产品属性产权对交易某一方有利可图，双方都极有可能尽力隐瞒产权信息，发生机会主义行为。

猪肉具有信任品特征，通常很难清晰界定猪肉质量安全属性的产权，因为界定猪肉质量安全属性的产权需要专业的检测技术和手段，而且需要检测的范围十分广泛，需要投入大量的人力物力，成本较高；通过质量安全检测体系，对所有猪肉产品进行检测，界定所有猪肉产品质量安全属性的产权也是不可能的。所以在猪肉交易过程中，猪肉经营者往往并没有将猪肉安全属性转让出去，也就是说交易实际上并没有完成，是无效率的，表现在两个方面：第一，猪肉经营者的猪肉安全责任难以确定，于是猪肉经营者降低质量安全标准生产经营，向市场提供低质量猪肉，剥夺消费者剩余价值，使消费者在交易中蒙受损失；第二，带来严重的负外部性，增加社会总成本，比如，消费者消费劣质猪肉，产生的健康价值受损、医疗费用以及务工损失等。

猪肉质量安全属性产权的模糊，能诱发猪肉经营者的机会主义行为，进而导致了猪肉交易无效率，并带来严重的负外部性，使得市场失灵。同时，也使得难以在监管部门与猪肉经营者之间建立起监管压力传导机制，无法采取有针对性的惩罚，对猪肉经营者的行为进行有效监管，这也是已有猪肉质量安全保障体系的缺陷。

3.2.4 猪肉安全管制

根据前面的理论分析，猪肉市场存在严重的信息不对称，猪肉经营者的行为存在外部性，猪肉质量安全信息具有公共物品属性，以及猪肉质量安全属性的产权难以清晰界定和转移，这些都会导致猪肉市场的失灵，市场本身无法纠正和解决这些问题，会引发严重的猪肉行业食品安全问题。

根据管制经济学的观点，在信息不对称的市场里，政府可以通过信息搜寻、强迫私人显示信息、免费提供信息公共品和创造良好的合同签订与执行的法制环境等一整套措施向市场提供信息，降低经济活动中的信息成本；猪肉安全属于政府管制的内容，“政府强制性介入信息披露与制定标准、强化行政与法制监管”可以作为主要的食品安全管制措施，是解决猪肉行业食品安全问题的有效途径和手段。

3.3 猪肉行业食品安全问题的解决思路

根据3.2.1的分析，食品安全问题的实质是市场上优质食品的有效供给不足，食品经营者的机会主义行为是食品安全问题形成的直接原因，约束食品经营者的机会主义行为，是从根本上解决食品问题的着力点；而政府监管对于约束食品经营者的机会主义行为往往直接而有效（周应恒，2003）[107]。

首先，通过强制性介入信息披露，将食品经营者非规范生产经营、在生产经营过程中进行要素替代或降低标准等行为暴露在监管力量下，对其行为构成强制性约束，为规避惩罚和监管压力，食品经营者不得不安全生产（经营）；其次，通过加大监管强度和对违规行为的惩罚力度，能改变食品经营者对违规成本的预期，激励其从源头上突破资源与技术的双重限制或约束，加强内部质量控制与管理，提高资源的利用率，加大技术创新力度，提高优质食品的生产能力（图3-9）。

国外研究表明，食品生产者和销售企业在不同的激励下，会采取不同措施减少食品安全风险（如微生物细菌污染），提

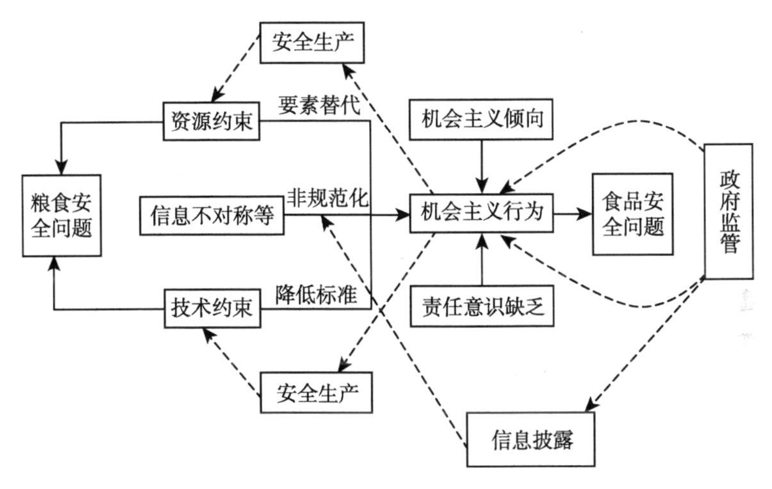

图3-9 食品安全问题的解决思路

供相应水平的食品安全保护。政府食品安全监管强度的改变，会改变食品经营者对服从成本与违规成本的预期，进而影响到其行为，所以明确食品经营者承担的质量安全责任，强化政府监管，对食品经营者的违规生产行为进行惩罚，能促使食品经营者服从管制，确保产品质量安全，对食品经营者的行为形成有效的激励。面对政府监管，食品经营者有两个选择：服从管制与违规生产，并根据服从成本与违规成本的高低决定具体的行动；服从成本越低，违规成本越高，食品经营者越可能服从管制，进行安全生产；反之，服从成本越高，违规成本越低，食品经营者越可能违规生产，向市场提供安全食品（图3-10）。

以上所述是一种强制性约束机制，其运行需要配备完善的强制性政策与措施，确保食品经营者切实承担起保证食品安全的责任，主要基于以下层面来实现：首先，建立和完善食品安全监管法律体系。建立涵盖所有食品类别和食品供应链上各环

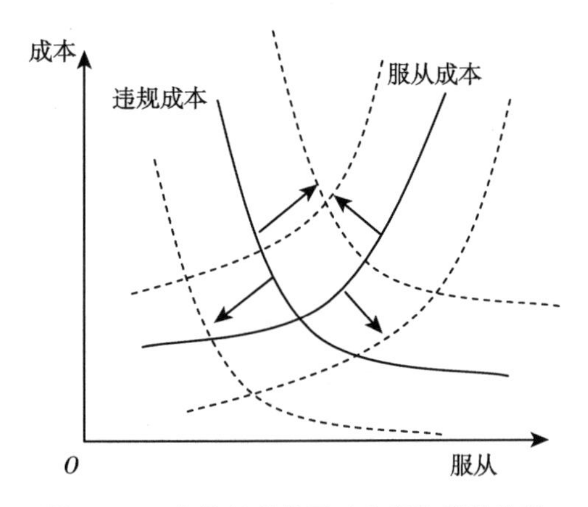

图 3-10　食品经营者面对政府监管的选择

节的法律体系，为制定监管政策、检测标准以及质量认证等工作提供依据。其次，建立机构统一、责权集中的食品安全监管组织体系。为提高食品安全监管的效率，应逐步将食品安全监管职能集中到几个核心部门，并加大部门间的协调力度，实现监管责任相对集中。第三，加强对食品安全标准的管理，强化标准管理机构的职能。通过法律强化食品安全标准管理机构的职能和权利，真正做到食品安全技术要求与法律权威的结合。因为有法律的保障与规范，才能避免执行食品安全标准时出现讨价还价现象，切实发挥标准对指导食品生产行为的作用。同时，逐步拓展标准管理机构的监管职能，将标准管理机构的监测权力拓展到食品整个供应链，并加强标准管理部门与国内外相关部门及社会成员的交流合作，促进食品供应链上各环节标准化工作得以顺利、高效地贯彻与落实。第四，强化监管，灵活采用多种监管措施，加大处罚力度，对违反食品安全法律法规的食品经营者进行处罚，包括刑事起诉、罚金、产品主动或强制召回，临时性或永久性关闭、警告、扣押、没收等；同时，采取强制性介入等方式加强对食品质量安全信息的披露和传递。

在实践中，各国的食品安全保障体系都是以对食品经营者的行为进行管制为出发点，配合食品安全信息披露、认证与标准体系等工具，建立解决食品安全问题的思路。所以，要解决猪肉行业的食品安全问题，必须完善包括质量安全法律法规、标准、管理以及服务支撑体系等在内的猪肉安全保障体系，强化政府监管，这是解决猪肉行业食品安全问题的理想选择。

但政府的监管也存在缺陷，表现在以下几个方面：第一，监管会产生成本，不可能做到完全监管；第二，在监管过程中，由于政府与食品经营者之间存在信息不对称，难以有效明确责任和追溯到责任人，会导致监管失灵；第三，传统的监管往往更多是针对已经发生的食品安全问题，对尚未发生的食品安全问题的作用受到限制。这源于政府与食品经营者之间缺乏有效的方式或手段传递监管压力，监管压力难以从政府传递到食品经营者，这也是食品市场失灵难以得到根治的根本原因。

3.4 本章小结

以已有的食品安全理论为指导，分别运用信息经济学中不完全逆向选择模型、市场失灵理论以及新制度经济学对猪肉行业食品安全问题的分析，得到以下简要结论：

猪肉行业食品安全问题是一个复杂的经济学和管理学问题，其实质是市场上优质猪肉的有效供给不足。主要源于三个方面的原因：第一，猪肉市场不完美，市场中存在的信息不对称会引发市场交易双方的不完全逆向选择，导致优质猪肉有效供给不足，低质量猪肉规模存在，社会福利严重受损；第二，猪肉经营者生产经营行为具有外部性，猪肉质量安全信息具有公共物品性质，会导致猪肉市场失灵；第三，猪肉质量安全属性的产权难以清晰界定和转移，会诱发猪肉经营者机会主义行为的结果，最终导致市场失灵。由政府强制性介入信息披露与制定标准，并强化行政与法制监管是纠正猪肉市场失灵，解决猪肉行业食品安全问题的有效途径和手段。

食品安全监管通过强制性介入猪肉质量安全信息披露，能约束猪肉经营者的非规范化生产经营、进行要素替代和降低标准生产经营等行为；也能通过改变监管强度和加大惩罚力度等手段使猪肉经营者为规避监管压力和惩罚，加强内部质量管理等以提高资源利用率和加大技术创新力度等以提升生产能力，从而突破资源与技术的双重约束，更有效的解决猪肉行业食品安全问题；但监管过程中缺乏必要的方式或手段清晰界定和明确各猪肉经营者的猪肉安全责任，并将相应的猪肉安全责任传递到各猪肉经营者，这是目前猪肉安全事件频发，猪肉安全形势逐渐加剧，猪肉行业食品安全问题难以根治的原因。引入食品可追溯体系，构建行之有效的监管压力传递手段或方式，提高监管的有效性，十分必要。

4 强制性食品可追溯体系的功能与作用机制

4.1 食品可追溯体系的发展概况

4.1.1 食品可追溯体系发展阶段的划分

从20世纪60、70年代开始，全球食品安全形势开始加剧，特别是到20世纪80年代中期，疯牛病与口蹄疫、二恶英、李斯特菌污染等重大恶性食品安全事件相继爆发，带来巨大的经济损失，危及社会稳定和引发政治风波，引起全世界人民对食品安全的担忧，形成全球性的食品安全危机。

食品安全危机的形成，促使了食品安全管理理念的变革。以欧盟为代表，开始重新审视传统食品安全监管体系漏洞与不足，将可追溯原则正式纳入到食品安全管理政策当中，食品安全管理开始进入全过程监管时代，特别是为应对疯牛病危机，于2002年建立的牛肉注册和验证体系，在全球掀起食品溯源管理的潮流。

从食品可追溯体系的产生与发展过程来看，食品可追溯体系是食品安全管理理念变革的产物，严峻的食品安全形势和食品安全危机是其产生和发展的推动力，以2002年欧盟的牛肉注册和验证体系的建立作为其正式诞生的标志，可将整个过程划分为三个阶段（图4-1），即：第一阶段，从20世纪60、70年代至2002年的孕育期；第二阶段，2002年的产生期；第三阶段，2002年至今的应用推广期。

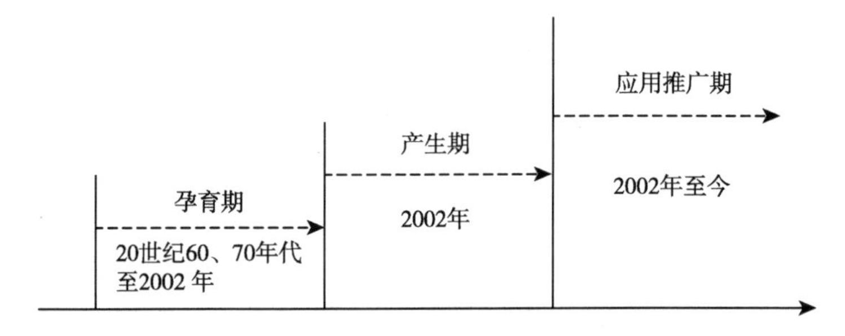

图 4-1　食品可追溯体系产生与发展的阶段划分

4.1.1.1　孕育期

食品可追溯体系是食品溯源思想发展和变革的产物，而食品溯源思想在早期的畜禽养殖历史中就已存在，比如：养殖者采用在畜禽耳朵上打孔、烙印、戴脚环以及在畜体上纹刻标记等物理标识手段，来表明自己对畜禽的所有权或进行家畜育种和疫病的预防和控制（Madec 等，2001）[108]。

食品溯源思想在一些传统的食品安全管理方法中也能得到体现，比如食品标识制度。食品标识也叫食品标签，是指粘贴、印刷、标记在食品或者其包装上，用以表示食品名称、质量等级、商品量、食用或者使用方法、生产者或者销售者等相关信息的文字、符号、数字、图案以及其他说明的总称①。食品标识通常揭示的是食品的信任属性，能随食品的流通将质量安全信息传递给消费者。政府通常通过建立食品标识制度，来规范标签的使用，改善食品信息环境，以提高市场效率。其本质是一种信息标记和事后追溯奖罚激励制度。标识为企业的产

① 我国《国家质量监督检验检疫总局关于修改＜食品标识管理规定＞的决定》(2009)。

品提供“指纹”，使食品来源具有可追溯性。它利用事后的抽查、潜在的赔偿损失、责任追溯的可能性与标识效益，来约束和激励企业的内部质量行为（Golan，2000[109]；周德翼，2002[110]）。

食品溯源思想在20世纪80年代得到发展。这一时期，国际食品安全形势日益加剧，转基因食品出现、疯牛病、二恶英事件、口蹄疫、猪瘟疫等重大食品安全事件频繁爆发；而全球和跨区域的食品供应链、复杂食品经济体系逐渐形成，使得食品安全管理更加困难，已有的食品安全保障体系在严峻的食品安全面前显得无能为力。为加强对食品安全风险的预防和控制、提高食品安全管理的效率，对食品的可追溯要求被提出来。

最早对食品提出可追溯要求的是欧盟。欧盟在关税贸易总协定（GATT）① 就农业进行的乌拉圭回合谈判之后，就曾考虑过将可追溯要求纳入原有的农业法规框架中，以提升欧盟农产品的国际竞争力。特别就转基因食品问题进行激烈讨论，欧盟最初在严格的政策条件下鼓励发展转基因农业，规定转基因农产品只能用于饲料行业，含有转基因成分的食品必须贴上专门的标签，标明转基因成分的含量与来源②。

重大食品安全事件的频繁发生，使得欧盟共同农业政策法（The Common Agricultural Policy）同样饱受质疑和批评，对整个食品供应链进行更有效的监管的呼声逐渐强烈。从1997年开始，欧盟委员会与欧盟议会对欧盟维持25年之久的食品

① The General Agreement on Tariffs and Trade.

② 欧盟委员会于2003年先后颁布1829号和1830号法令，此时，才正式将转基因食品纳入食品追溯管理框架中。按规定，两个法令从2004年开始强制性实施。

安全卫生制度进行根本性的改革，成立了欧盟食品安全管理局，负责监督整个食品链，进行风险评估工作，并于同年发布“食品安全绿皮书”；2000年发布“食品安全白皮书”，首次把“从田间到餐桌”的全过程管理原则纳入卫生政策，强调食品供给者对食品安全所负的责任，要求所有的食品和食品成分具有可追溯性；2002年颁布的178号法令则要求从2004年起，在欧盟范围内销售的所有食品必须能够进行跟踪与追溯，否则就不允许上市销售。按照该规定，生产、加工、流通等各个阶段的主体必须按照“向前一步和向后一步”的原则建立可追溯制度，记录和保存与食品、饲料、供食品制造用的家畜，以及与食品、饲料制造相关物品的信息，建立生产经营档案，以保证可以确认以上各种提供物的来源与方向。这标志着食品安全管理进入全过程可追溯管理阶段。

4.1.1.2 产生期

食品可追溯体系的诞生直接与疯牛病危机有关。疯牛病(Bovine Spongiform Encephalopathy，BSE)，即牛脑海绵状病，是一种发生在牛身上的进行性中枢神经系统病变，病牛脑组织呈海绵状病变。疯牛病具有多种类型，具有传染性，且具有较长的潜伏期。人若食用了被疯牛病污染了的牛肉、牛脊髓等，极有可能染上致命的新型克雅氏症。目前，医学界对疯牛病的病因、发病机理、流行方式还没有统一认识，也尚未发现有效的诊断方法和防治措施。专家们普遍认为，疯牛病起源于羊痒病，是给牛喂了含有羊痒病因子的反刍动物蛋白饲料所致。

疯牛病最早于1985年在英国出现，其后至2002年的十多年是疯牛病的爆发流行期，联合国粮农组织和世界卫生组织曾相继对未发生疯牛病的国家提出警告，要求各国根据本国情况制定并实施相应的保护和预防措施，尽管欧洲各国也纷纷采取预防措施，但在短短的十多年里，疯牛病还是迅速扩散到欧洲其他、甚至美洲和亚洲的几十个国家，引发让人谈牛色变的疯牛病危机。

疯牛病爆发流行期间，英国以及其他欧洲国家等主要发病国有大量的牛患病并被宰杀，仅英国就累计屠宰病牛 1 100 多万头，经济损失达数百亿英镑，137 人死于新型克雅氏症，其中多数在英国。疯牛病危机对整个世界的社会、经济与政治都产生了重大影响，引发全世界人们对食品安全问题的关注和担忧，这些影响至今都远未消除。

在发现疯牛病的早期，英国政府不知道疯牛病的严重性，没有进行有效控制，仍然允许英国牛肉产品继续在国内外市场上销售；而在疫情恶化时，政府处理措施失策，仅向农场主赔偿部分损失，使得部分农场主“以病充好”，继续向市场输送牛肉，加速疫情的扩散，最终造成局面失控。之后，英国不得不设立专门的机构负责此类疫情的处理和监管，并建立起一套完整的预防和检测疯牛病疫情的体系①。

疯牛病危机带来的教训是深刻的。欧盟决策当局认为，为消除疯牛病危机带来的影响，有效应对疯牛病带来的威胁，保持消费者对牛肉的信心，有必要在生产环节建立对牛的验证和注册体系，同时建立一个相应法律框架予以指导，以向消费者提供足够清晰的产品标识信息和便于各成员国政府主管部门随时通过该体系搜集有关信息，加强对动物疫情的监控和防范。

---

① Http：//news. xinhuanet. com/ziliao/2003 - 12/26/content _ 1249047. htm. 新华网。

2000年7月17日，欧洲议会和欧盟理事会共同制定2000/1760/EC法规，对牛肉和牛肉制品的标签标识作出规定。按照规定，所有在欧盟区内出生和销售的牛，都必须在牛耳上加挂具有单独校验码的标签，如无标签，不得向外转运；他国出口欧盟的牛，也同样须要按照上述规定在牛的进口地加挂牛耳标签；未经成员国主管部门许可，牛耳标签不得挪动或更换；在销售环节，经营者均需对牛肉加贴标签，标签内容须包括：参考号（据此保证牛肉和被屠宰牛之间的可联系性），屠宰场批准号，切割厂批准号、牛的出生地，饲养地所在国家（包括第三国），屠宰地所在国家。他国出口欧盟的牛肉，则标签上须注明“产地：非欧盟国家”和“屠宰地：××国家”。如果标签含有上述强制性标签规定以外的信息，经营者还应提交一份说明书，报成员国主管部门批准（周应恒[111]，2002；张姝楠，2008）。该法规还要求建立对牛的验证和注册体系，该体系包括牛耳标签、电子数据库、动物护照和企业注册四个因素，食品可追溯体系由此率先在欧洲的牛肉行业中诞生。

4.1.1.3 应用推广期

食品可追溯体系在欧洲产生以后，世界各国纷纷出台食品可追溯法律法规，加强对食品可追溯体系的引进、建立与研究工作，食品可追溯体系在全球畜禽产品为主的行业得到广泛推广和应用。

在国外，1998年，加拿大成立牲畜身份标识机构（CCIA），开始逐步建立国家牲畜身份标识体系，2000年魁北克省通过动物健康保护法案（AHPA），建立了魁北克农产品追溯体系（ATQ），该体系可以追溯牲畜从出生到死亡各个阶段的信息，2001年颁布的动物健康修正案又规定，每个离开原产地的牲畜必须佩带耳标，屠宰场必须读取耳标数据上传到CCIA，相关信息必须保持到牲畜肉类制品通过检验检疫以后；澳大利亚与加拿大的情况类似，作为主要牲畜产品出口国，为了维护出口市场，在原有动物身份标识体系基础上建立起国家牲畜标识体系（NLIS），该体系收集动物DNA样本信息作为动物的身份标识，是比较先进的食品可追溯体系，但其缺点是体系运行成本太高。

美国在“9·11”事件以后，将食品安全提到国家安全战略高度，2002年美国国会通过《生物反恐法案》，将“企业必须建立产品可追溯系统”作为生物反恐的重要手段。2003年5月FDA公布《食品安全跟踪条例》，要求所有涉及食品运输、配送和进口的企业要建立并保全相关食品流通的全过程记录。同年，美国农业部引导多个协会、组织和畜牧兽医专业人员组成家畜开发标识小组（USAIP）共同参与制定家畜标识工作计划，并于2004年建立了国家动物标识体系（NAIS），通过该体系对养殖场和动物个体或群体转移进行标识，确定其出生地和移动信息，最终保证在发现外来疫病的情况下，能够于48小时内确定所有与其有直接接触的企业。

2001年起日本政府在肉牛生产供应链中全面导入可追溯体系，2002年6月28日，日本农林水产部正式决定，将食品可追溯体系推广到全国的猪肉、肉鸡等肉食产业、牡蛎等水产养殖产业，使消费者在食品购买时通过包装就可以获得品种、产地以及生产加工流通过程等的相关信息（张向前，2006），在2003年6月1日通过的《食品卫生法》修正案中，确立了“从农场到餐桌”的可追溯性体系的法律框架，制定了“牛肉身份证”制度，要求在2004年12月1日之前将在从农场-屠宰场-加工-销售-零售等的所有环节实施可追溯制度（王立芳，

2005)。此外，巴西、乌拉圭等国家都已逐步建立了本国的牲畜可追溯体系。

在国内，由于政府部门的重视与推动以及食品可追溯体系试点项目的示范作用，国内食品可追溯体系的应用与推广主要以动物标识及疫病可追溯体系、农垦无公害农产品质量追溯系统、蔬菜肉类流通追溯体系以及四川省的绿色食品质量安全可追溯体系等为代表。

(1) 动物标识及疫病可追溯体系

2001 年党中央、国务院提出我国动物要实行可追溯。同年，农业部发布《关于实行免疫标识制度的通知》在全国范围内实行免疫标识制度。2002 年发布《动物免疫标识管理办法》，规定对猪、牛、羊必须佩戴免疫耳标，建立免疫档案管理制度。2006 年颁布《畜禽标识和养殖档案管理办法》，扩大标识对象的范围和功用，规定 2008 年起所有牲畜均应按要求加挂牲畜耳标，并凭此流通。2005 年农业部以四川、重庆、北京和上海 4 省市为试点，推广以二维码耳标为数据轴心的动物标识及疫病可追溯体系，将牲畜从出生到屠宰历经防疫、检疫、监督工作贯穿起来，利用计算机网络把生产管理和执法监督数据汇总到数据中心，建立畜禽从出生到畜禽产品销售各环节的一体化全程追踪监管的管理体系（陆昌华，2010）[112]。2007 年又把试点面扩大至 12 省份，从 2008 年开始，追溯系统建立工作由试点阶段转入全面推进阶段，所有猪、牛、羊均应按规定加戴耳标，并凭此进入流通等环节。

(2) 农垦无公害农产品质量追溯系统

农垦无公害农产品质量追溯系统项目由农业部推动。2002 年农业部农垦局制定农垦无公害食品行动计划，其中明确提出要建立农产品可追溯制度，2003 年农垦局委托农垦经济发展中心信息处，着手研究建立农产品质量追溯制度，用信息技术、网络技术建立信息化意义上的追溯系统。2004 年 3 月 17 日，“农垦无公害农产品质量追溯系统”试点工作启动，无公害农产品质量追溯系统率先在农垦系统建立、推广。不过最初的系统只能记录农产品生产过程中的一些简单信息，系统功能单一，无法实现精准管理。为建立全程、动态、开放式农产品质量追溯系统，2008 年农业部组织制定了“四项制度、五项标准”，开发了软件体系，建立了部级农产品质量追溯中心，2008 年 7 月 7 日农垦农产品质量追溯系统成功运行。到 2009 年在 14 个垦区的 23 家企业实现了产品可追溯，2010 年追溯新增项目建设单位 28 个，共有 22 个省的 100 多个企业开展了农垦农产品质量追溯项目建设工作。

(3) 肉类蔬菜流通追溯体系

2004 年 4 月，在国家食品药品监督管理局、商务部等 8 部门的共同推动下，将食品可追溯体系应用推广试点工作转向猪肉、蔬菜等重点领域，确定肉类行业作为食用农产品质量安全信用体系建设试点行业，启动肉类食品追溯系统建设项目，2008 年开始上海、天津、武汉、成都等试点城市相继建立起猪肉食品可追溯体系，成都市运用食品可追溯体系解决猪肉安全问题是本书的考察对象。2011 年 10 月，商务部又印发《关于“十二五”期间加快肉类蔬菜流通追溯体系建设的指导意见》，对“十二五”期间加快肉类蔬菜流通追溯体系建设工作进行了全面部署，成都作为试点城市之一，正在积极推动蔬菜食品可追溯体系的建立工作。

④四川省的绿色食品质量安全可追溯体系。四川省作为我国农业大省和较早开展食品可追溯体系应用推广试点工作的省份，在这方面走在了前列，率先在全省开展了绿色食品质量安

全可追溯体系的建设，从2010年到2012年，经过连续三年在全省20多个区县的试点，在绿色食品企业生产、加工、包装、运输、储存、销售信息记录体系的基础上，建立起基于全省的绿色食品质量安全追溯平台，平台集合了物联网和云计算，以及IBM的SOA架构技术等多种先进技术，包括“企业管理平台”、“质量监管平台”和“消费者查询平台”子平台，通过该平台可以查询到绿色食品的生产批次和过程、来自哪个田块，实现了从纸质可追溯向在线可追溯的提升，在全国处于领先水平①。

此外，在国内，食品可追溯体系还被应用于一些特殊的场合和领域，比如：2007年，为确保北京奥运会期间的食品安全，北京市政府建立了首都奥运会食品安全追溯体系，通过该体系能实现对食品从生产到消费的整个供应链进行追溯，是极为成功的应用。

4.1.2 食品可追溯体系的发展趋势、特征与动力

4.1.2.1 发展趋势

经过十多年的试点探索，食品可追溯体系的发展趋势逐渐明显，分化成企业产品质量控制与食品安全监管领域。在企业产品质量控制领域，食品企业将食品可追溯体系应用于内部产品生产加工过程质量的控制，特别是那些与农户有着广泛合作的大型企业，通过在企业内部生产链条上建立食品可追溯体系，结合事先签订的质量协议对上游农户的行为进行有效监

---

① Http://sichuan.scol.com.cn/fffy/content/2012-06/26/content_3843492.htm?node=894，四川在线。

管，比如：联想控股旗下佳沃集团将“全程可追溯”作为进军农业的战略理念之一，将食品可追溯体系作为最有效的食品质量安全控制体系，将其理解为企业质量管理体系的组成部分。

与此相对应，为加强对食品安全风险的预防和控制，引入食品可追溯体系建立基于食品完整产业链的食品安全监管体系，已经成为世界各国政府的共识。在猪肉这类食品安全风险高、产品单位价值高，对社会和经济有极为重要影响的食品行业，政府食品安全监管部门试图在整个食品链条上建立食品可追溯体系，对链条上各主体的行为进行全程的监管，以保障食品的安全性，并将其理解为食品安全监管工具。国内的动物标识及疫病可追溯体系、农垦无公害农产品质量追溯系统、蔬菜肉类流通追溯体系以及四川省的绿色食品质量安全可追溯体系都属于此种类型。

上述两个领域的食品可追溯体系，在主要功能、作用机制、应用范围、建立模式等方面有着本质的区别，随着实践的推动和理论研究的深入，两个领域的食品可追溯体系各自发展的趋势将会越来越明显，随之出现的也将会是食品可追溯体系更多的被企业和政府部门采用，应用的食品行业也将不断扩大。

当然，不管是在哪个领域，由于食品可追溯体系建立的复杂性和成本限制，建立覆盖局部产品链、局部地域的食品可追溯体系将会是主要方向；为应对复杂多变的食品安全新形势、规避可能由可追溯性引发的贸易壁垒，食品可追溯体系的推动者也将越来越注重相互之间的兼容性。

4.1.2.2 发展特征

根据国内外食品可追溯体系发展现状和趋势，食品可追溯体系发展存在以下特征：

（1）企业产品质量控制领域的食品可追溯体系主要以企业主导和推动，食品监管领域的食品可追溯体系主要以政府主导和推动。在食品监管领域各国普遍的做法是“以立法为先导，以监管为保障，以科研为补充”，将食品安全溯源管理上升到法律的高度，由政府推动食品可追溯体系的研究和实施等，并承担主要的成本。

在国外，目前已有78％的国家制定了畜禽标识相关法规，69％的国家制定了可追溯管理的法律规定（林超等，2008）[113]。在国内，为推动食品可追溯体系的试点和应用，2004年国务院发布《关于进一步加强食品安全工作的决定》，明确要求建立农产品可追溯体系。2005年农业部发布《关于进一步加强农产品质量安全管理工作的意见》，将加强农产品质量安全追溯能力建设作为工作重点之一。2007—2009年中央1号文件连续对建立农产品质量安全追溯制度作出了明确规定。此外，食品可追溯要求也已分别被写进《农产品质量安全法》与《食品安全法》。科技部、农业部、质检部等先后启动对猪、牛、饲料和禽产品等的多项可追溯研究。科技部于2002设立重要技术标准研究专项课题《工厂化农业技术标准研究》和“863”项目设立《数字农业精细养殖平台技术研究与示范》等，对畜产品的可追溯进行研究，探索适合中国国情的可追溯技术和架构方法。

（2）企业产品质量控制领域的食品可追溯体系应用在单位产品价值高，特别需要以质量为手段赢得市场竞争行业，如：水果、茶叶、蔬菜等，而食品监管领域的食品可追溯体系主要建立在畜禽为主的行业。因为畜禽行业面临的食品安全风险通常较高，动物疫情的发生会产生较高的经济和社会成本，且具有一定的可追溯管理基础，比如：法国是世界上肉牛业最发达的国家之一，为了保证消费安全，从1957年开始，就已建立了牛只个体登记制度，远在欧洲疯牛病危机发生之前，法国农业部和畜牧业跨行业组织便开始对法国境内所有牛只进行个体跟踪识别。

（3）企业产品质量控制领域的食品可追溯体系以企业自愿建立为主，食品安全监管领域的食品可追溯体系通常由政府强制性推动和建立。欧盟和日本等国为了控制行业危机、重大动物疫病的流行和传播，都采取强制性模式实施。

4.1.2.3　发展动力

在企业产品质量控制领域，食品可追溯体系的发展动力首先来自于企业想利用食品可追溯体系加强企业产品质量控制，提高产品竞争力，形成品牌优势，以赢得市场竞争；其次，食品可追溯体系还能降低企业质量安全事故发生风险和成本，降低召回成本，提高供应链的组织协作程度，从而提高供应链效率等，使得企业获取巨大的潜在效益，这些促使企业在内部建立和运行食品可追溯体系，食品可追溯体系也得到推动和发展（赵智晶，2012）[114]。

在食品安全监管领域，致力于推广食品可追溯体系的国家首先是出于缓解本国食品安全压力，但不同国家和地区食品可追溯体系发展的动力亦有所不同。

（1）欧美等发达国家推广食品可追溯体系主要是源于行业危机和重大疫情监控和信息跟踪。20世纪80年代中期，疯牛病危机爆发，消费者对牛肉制品的安全以及政府食品安全监管能力失去信心。欧盟各成员国认识到像牛肉这类食品风险较高，而又对经济和社会有重要影响的基础产业，一旦遭受重大疫情，将会给整个社会带来沉重的灾难和难以估量的成本，建立动物疫情监控体系，对动物疫情风险进行防范和控制非常有必要。在欧洲，欧盟食品安全局对食品安全管理承担主要责任，各成员国食品安全监管机构受欧盟的管理，食品安全管理政策由各成员国具体实施，发生食品安全事故时，各成员国就查明问题和协商会花较多时间，这对欧盟跨国家、跨地区的食品供应链的透明度提出较高要求，最好的解决办法无疑就是建立食品可追溯体系实施可追溯管理。

（2）虽然同样面临国内较大的食品安全压力，中国、巴西等发展中国家推广食品可追溯体系却主要是因为受到发达国家的影响，面临着可能由食品可追溯性引发的贸易壁垒。

进口国对食品可追溯性的要求过高，会使出口国产品无法进入市场或者价格过高失去竞争优势。巴西是牛肉产量居世界第二，牛肉出口量为世界第一的国家。但由于 2005 年 10 月以来巴西政府实施 Sisbov 牛只追溯体系的效率太过缓慢，欧盟曾表示严重不满，警告巴西政府若再不改进，将会使巴西牛肉进口欧盟国家遭受重重限制。欧盟派出督察员到巴西考察 Sisbov 追溯体系的实施情况，发现结果非常不理想。以档案纪录来说，他们纪录的档案没有交代“没打过预防针”的牛只在口蹄疫区与非口蹄疫区间的移动纪录。基于这些访查结果，欧盟已决定提升巴西牛肉的危险指数，他们认为，在巴西确实落实牲口认证追溯体系之前，都无法确定他们所提供之牛肉品的安全度。迫于欧盟的压力，2005 年底巴西农业部公布新牛只认证系统草案，期望改善国内牛肉的可追溯现状（世界经济年鉴，2012）。而在我国，由于兽药残留、工业饲料和添加剂有毒有害物质超标问题，使得畜产品的质量安全存在隐患，出口本就面临较大质量安全方面的压力。2001 年，因德国首次发现中国的冻虾仁中含有0.2～5微克/千克的氯霉素而引发“氯霉素事件”，欧盟考察团对我国的兽药管理体制、兽药残留监控计划的制订和实施、检测实验室质量控制、兽药的分销、使用等方面进行了详细的询问和检查。欧盟最终的结论是：目前中国无法向欧盟充分保证向欧盟出口的动物源性食品不含有害兽药残留和其他有害物质。由此2002年1月31日，欧盟官方公报发布第2002/69/EC号欧盟委员会决议：自1月31日起禁止从中国进口供人类消费或用作动物饲料的动物源性产品（谢菊芳，2005）。所以，食品可追溯体系产生以后，我国政府十分重视对其的引进、研究和试点推广工作，在农业部的推动下建立起基于全国的动物标识及疫病可追溯体系。

4.2 强制性与非强制性食品可追溯体系

从食品可追溯体系的发展概况来看，食品可追溯体系的产生与发展具有深刻的时空背景，主要源于食品安全管理理念的变革和食品安全形势的推动，在全球以畜禽为主的行业得到广泛应用和推广，且逐渐在向其他食品行业扩展；经过十多年的发展，食品可追溯体系的发展趋势逐渐明显，分化成企业产品质量控制与食品安全监管两大领域，并体现在发展的特征与动力等各个方面。两个领域中的食品可追溯体系其本质是不同的，在内涵、功能与作用机制方面亦存在巨大差异。

4.2.1 非强制性食品可追溯体系

将用于企业产品质量控制的食品可追溯体系称为非强制性食品可追溯体系。非强制性食品可追溯体系是指一般由行业协会或产品供应链上的主导企业牵头，以主导企业为核心，与供应链中的上下游企业协同合作，共同开发、建立并维持运行的食品可追溯体系，一般将其理解为企业基于内部上游产业链建立的质量安全控制体系。在实践中应用较为广泛，出于对品牌、声誉和长远利益、提高产品的档次和赢得消费者的信任的考虑，食品经营者可能选择实施非强制性食品可追溯体系。

4.2.2 强制性食品可追溯体系

将用于食品安全监管的食品可追溯体系称为强制性食品可追溯体系。强制性食品可追溯体系旨在解决食品市场中的食品安全问题，由政府部门主导建立，并制定相关的法律法规强制要求食品经营者参与，否则其产品不允许上市销售。强制性食品可追溯体系能够通过追溯食品和相关经营主体，清晰界定食品质量安全属性的归属，本书认为强制性食品可追溯体系本质是一种借助技术手段界定食品质量属性产权的工具。

4.3 强制性食品可追溯体系及其功能机制

4.3.1 强制性食品可追溯体系的功能

借助于追溯技术，食品可追溯体系能披露三类信息，生产经营过程信息、食品质量安全信息和食品经营者身份信息。

第一类信息可用于追溯问题食品和进行召回，由食品经营者自主实施食品可追溯体系披露信息，并自主处理和使用信息，主要功能为加强质量安全控制。食品可追溯体系给每个产品附上与作业原始资料一致的标识（如序号、日期、批号、件号，以及生产、经营者信息），并记录与保持与标识产品质量安全相关的信息；通过回溯和跟踪实现标识信息在供应链中的传递；当食品安全事故发生时，根据标识中的信息查找产品经历过的具体生产过程和生产、经营者，结合组织内部记录的相关作业信息，追溯问题产生的源头，迅速查明问题产生的原因，并采取相应的措施和解决办法；同时，可通过食品可追溯体系追踪可能出现相同问题产品的流向，及时进行召回，销毁处理，避免污染和损失的扩大，避免波及正常产品的经营者，降低食品安全事故外部性。

第二类信息可用于向消费者传递食品质量安全信息，可由食品经营者自主实施食品可追溯体系披露信息，也可由政府强制实施食品可追溯体系并要求食品经营者参与，披露信息，食品经营者自主实施食品可追溯体系和披露食品质量安全信息，可将自身优质食品与其他经营者的劣质食品作出区分，取得消费者的信任和更高溢价，有利于优质优价的市场信誉机制的建立，此时，消费者也能获得更多的福利，消费者能通过食品追溯标识，确定食品的成分、营养、健康、安全信息，确定食品的真实来源，通过确保自己购买的食品来自质量安全控制水平较高或信誉较好的大型食品经营者，确保自己购买食品的质量安全，降低搜寻优质食品的信息成本；而当政府强制要求食品经营者实施食品可追溯体系披露食品安全信息，主要是为了保障消费者的安全消费权益不受侵害，同时，消费者将食品标识信息留下作为追溯产品责任的凭证，可对食品经营者形成提供安全食品的约束，有利于消费者参与食品安全监管，提升食品安全监管的有效性。

第三类信息可用于明确食品经营者的食品安全责任，由政府强制实施食品可追溯体系并要求食品经营者参与，提供身份信息，主要功能为责任激励。通过食品可追溯体系对食品经营者身份信息的追溯，结合第二类信息，将食品质量安全属性的产权清晰界定给相应的食品经营者，明确食品经营者的质量安全责任，将政府营造的外部监管压力传递给食品经营者；同时，并向消费者提供追究猪肉经营者责任的延迟权利，据此增强交易完成后惩罚机制的有效性，使猪肉经营者承担的食品安全责任急剧增加，改变其预期，产生基于责任的自我激励，产生积极的防患于未然的态度，加强对质量安全风险的预防和控制，向市场提供优质可靠的猪肉。在保证食品质量安全的同时节省监管成本、提升监管效率。

根据上述分析可知，强制性食品可追溯体系所具有的功能有两个：一个是强制披露食品安全信息，保障消费者的安全消费权益；另一个是责任激励，激励食品经营者向市场提供优质食品。

4.3.2 强制性食品可追溯体系的作用机制

结合猪肉行业食品安全问题的解决思路和强制性食品可追溯体系的功能，分析强制性食品可追溯体系的作用机制。如图4-2所示，对于猪肉经营者来说，对管制规则服从程度越高，服从成本越高，相应的违规成本越低。引入食品可追溯体系

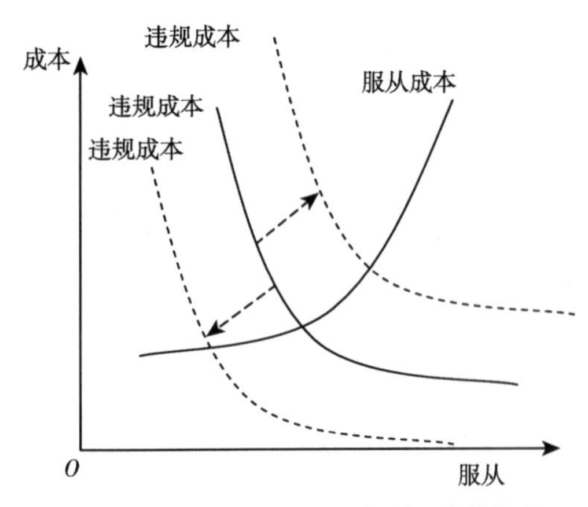

图4-2 猪肉经营者服从管制的决策依据

前，由于监管部门与食品经营者之间缺乏监管压力传导机制，食品经营者即使违规生产，也不一定能追溯到他们的责任，所以食品经营者按照预期违规成本和服从成本之间的比较来调整自己的行为，“违规成本”向左下方移动，即监管效率降低，食品经营者具有较大违规生产的可能性。引入食品可追溯体系后，管制力度越大、对违规生产的处罚越严厉，则违背管制的成本越高，“违规成本”曲线向右上方移动，食品经营者越有可能服从食品安全管制。

根据上述分析过程，建立食品经营者面临的最优化决策模型，如式（4.1）所示：

$$\text{Min } C_{ET} = P \times f \times [1 - S(e)] + C(e) + I \tag{4.1}$$

上式（4.1）中，C_{ET} 为食品经营者承担的预期食品安全总成本；P 为食品经营者在发生食品安全事故时受到的惩罚，通常我们将其称为违规生产成本，由食品安全法律法规决定，可以是经济罚款，也可以是行政制裁；f 为引入食品可追溯体系后，界定食品质量安全属性产权的清晰程度，也即追溯到食品安全事故责任承担方的概率；e 为食品经营者为保证食品安全所做出的努力；$S(e)$ 为食品安全的概率，$1-S(e)$ 为食品安全事故发生的概率；$C(e)$ 为食品经营者为保证食品安全所做出的努力，所需要承担的相应成本；I 为食品经营者参与食品可追溯体系的固定成本，为了模型的简化，将运行食品可追溯体系归入食品经营者为保证食品安全所做出的努力，相应的，将运行食品可追溯体系的成本计入 $C(e)$，即为保障食品安全做出努力需要承担的部分成本。

现在假设：

（1）$P>C(e)+I$，该假设的含义是，食品经营者承担的食品安全事故成本大于不违规生产的成本，否则食品经营者宁愿不为保证食品安全做出任何努力，进行违规生产。当然，这里是将参与建立食品可追溯体系视作不违规生产行为，并投入成本 I。

（2）$0 \leqslant f \leqslant 1$，$f$ 反映的是食品可追溯体系的有效性。一方面，食品可追溯体系的宽度、深度与精确度的设置要考虑成本的限制和约束，实现完全追溯是不可能的（Golan，2004）；另一方面，技术手段的选择和管理上的漏洞，同样可能造成追溯失败。所以食品可追溯体系并非能将食品的质量安全属性的产权完全界定清楚，存在追溯失败的可能。

（3）$0 \leqslant S(e) < 0$，$0 \leqslant 1-S(e) < 0$；$S'(e) > 0$，$S''(e) < 0$，首先，这里将违规生产行为视为食品经营者为保证食品安全做出的努力为 0，所以 $S(e)$ 可以等于 0，此时，食品安全事故会发生；其次，$S(e) < 0$ 意味着影响食品安全的因素来自内部、外部两个方面，食品经营者可以通过努力尽可能消除内部因素的影响，但不能完全消除来自外部因素的印象，这是符合现实的，所以 $S(e)$ 的取值范围为 $[0, 1)$，相应的，食品安全事故发生的概率 $1-S(e)$ 的取值范围也为 $[0, 1)$；$S'(e) > 0$，$S''(e) < 0$，意味着确保食品安全的概率随着食品经营者的努力而上升，但上升的幅度随着努力程度递减。

（4）$C'(e) > 0$，$C''(e) > 0$，意味着不违规生产的成本随着食品经营者的努力递增，而且努力程度越高，成本增加得越多。

（5）$I > 0$，食品经营者有保证食品安全的责任和义务，虽然食品可追溯体系的建立主要由政府推动和投资，但企业必须承担相应的成本，这也是建立基于政府、食品经营者与消费者的成本平衡机制的内容。

食品经营者的目标是承担的食品安全预期成本最小，通过一阶必要条件得到预期成本最小时 e 的内部解：

$$\frac{C'(e)}{S'(e)}=P\times f \tag{4.2}$$

（4.2）式所蕴含的涵义为：食品安全监管压力和压力传导机制的结合，能实现对食品经营者生产行为的有效监管，食品可追溯体系将政府监管部门营造的外部监管压力传递给食品经营者；反过来，食品可追溯体系实现的仅仅是传递压力的功能，对食品经营者的行为形成责任激励，但其本身不具有直接的食品安全监管作用。此外，Hobbs（2003）认为外部监管环境完善的情况下，消费者才会采用食品可追溯体系去追溯食品经营者的责任，此时消费者在发生食品安全时获得赔偿的概率更高，否则他们会因为难以找到投诉部门，或者诉讼费用高等导致的较高维权费用而放弃追溯。下面进行具体分析：

（1）当 $p=0$ 或者 $f=0$ 时，意味着政府监管失灵或者食品可追溯体系失败时，食品经营者在具有机会主义倾向、追求利润最大化的情况下，其最有利的选择是违规生产，也即不为保证食品安全做出任何努力。

（2）当 $p>0$，$f=1$，$e=e(P,f)$ 时，此时食品经营者面临的情况是，违规生产的成本小于不违规生产的成本，虽然能成功对食品经营者进行追责，但食品经营者仍可能进行违规生产，并承担相应的成本。

（3）当 $p>0$，$P<C(e)+I$，$f=1$ 时，此时食品经营者面临的情况是，违规生产的成本大于不违规生产的成本，在能成功实现的追溯的情况下，食品经营者可能为了避免更大损失不进行违规生产，为保证食品安全做出努力。

现在进一步探讨在食品安全监管中引入食品可追溯体系

时，食品经营者的具体行为。假设 $e=e(P, f)$，即食品经营者为保证食品安全做出的努力程度是违规生产成本和成功实现追溯的概率连续可微的函数。通过（4.2），得到：

$$\frac{\partial e}{\partial P}=\frac{f\times(S'(e))^2}{C''(e)\times S'(e)-C'(e)\times S''(e)} \tag{4.3}$$

$$\frac{\partial e}{\partial f}=\frac{P\times(S'(e))^2}{C''(e)\times S'(e)-C'(e)\times S''(e)} \tag{4.4}$$

①在式（4.3）中，由于 $f>0$，$S'(e)>0$，$C'(e)>0$，$C''(e)>0$，$S''(e)<0$ 同时成立，所以 $\frac{\partial e}{\partial P}>0$，表明在食品可追溯体系有效时，外部监管环境越是完善，监管压力越大，加大对食品经营者违规生产行为的惩罚，食品经营者的行为会得到改善，为保证食品安全做出努力。

②在式（4.4）中，由于 $P>0$，$S'(e)>0$，$C'(e)>0$，$C''(e)>0$，$S''(e)<0$ 同时成立，所以 $\frac{\partial e}{\partial f}>0$，表明市场存在管制时，食品可追溯体系的有效性越高，能成功实现追溯，将外部监管压力传递给食品经营者时，食品经营者受到的责任激励越大，便会改善自身行为，为保证食品安全做出努力。

可见，在食品安全保障体系中引入食品可追溯体系，能清晰界定和明确猪肉经营者的质量安全责任，并建立起政府监管部门与食品经营者之间的监管压力传导路径，弥补已有监管保障体系的不足，将猪肉安全监管压力传递给猪肉经营者，对食品经营者形成有效监管，激励其向市场提供优质猪肉，从而解决食品安全问题。

4.4 本章小结

通过对猪肉行业食品安全问题的解决思路与机制、食品可追溯体系及其功能机制的分析，得到如下简要结论：

(1) 食品可追溯体系的产生与发展具有深刻的时空背景，食品安全管理理念变革的促使和食品安全形势的推动，使食品可追溯体系的发展先后经历孕育期、产生期与应用推广期三个阶段，在全球以畜禽为主的行业得到广泛应用和推广，且逐渐在向其他食品行业扩展；经过十多年的发展，食品可追溯体系的发展趋势逐渐明显，分化成企业产品质量控制与食品安全监管两大领域，并体现在发展的特征与动力等方面。可以说，两个领域中的食品可追溯体系其本质是不同的，在内涵、功能与作用机制方面存在巨大差异。

(2) 强制性食品可追溯体系本质是一种借助技术手段界定食品质量安全属性产权的工具，主要的功能是强制披露食品质量安全信息和提供责任激励。消费者的溯源行为能约束猪肉经营者的行为；通过强制性食品可追溯体系能够清晰界定猪肉的产权归属，明确猪肉经营者的质量安全责任，将监管压力传递给猪肉经营者，并向消费者提供追究猪肉经营者责任的延迟权利，据此增强交易完成后惩罚机制的有效性，改变猪肉经营者的预期，激励其安全生产经营，分析结果显示：完善外部食品安全管制环境，加大对猪肉经营者机会主义行为的惩罚力度，以及提高食品可追溯体系的可用性，能有效促进猪肉经营者食品质量安全意识的提高和行为的改善。

5 强制性食品可追溯体系的建立及成本与效益分析

5.1 强制性食品可追溯体系的组成部分、技术结构及建立

5.1.1 强制性食品可追溯体系的组成部分

借助于强制性食品可追溯体系，能明确食品经营者的质量安全责任，变革传统食品安全管理模式，实现“落实企业主体责任，强化部门监管、系统运行监管”提高食品安全监管效率的目标。完整的强制性食品可追溯体系包括以下三个组成部分：可追溯制度、追溯技术、政府管理体系。其中，建立技术是实现监管、明确责任的手段和载体，相当于体系的硬件部分；追溯制度既含有对整个溯源机制进行清晰刻画的系列制度安排，相当于体系的软件部分；政府管理体系是食品可追溯体系建立和运行的主要推动力和保证。

5.1.1.1 可追溯制度

可追溯制度是指为确保食品安全，将食品的产销履历流程等可能影响食品安全的相关资讯、详细记录，保管并公开的制度（杨秋红，2008）[115]。从本质上讲，可追溯制度是一种披露信息的政策工具（乔娟，2007）。主要是由政府监管机构制定的涉及食品安全溯源管理的法律法规、强制性标准体系，以及由政府监管部门委托科研单位等制定的系列食品溯源标准、

规程等。综合起来，可以分为三类：法律法规、技术标准体系和专门的可追溯制度，这些是食品可追溯体系建立和运行的知识范本和规范性指导文件，对整个溯源流程的清晰刻画。

目前，在法律法规层面强制性要求食品经营者建立生产管理档案、销售档案、标签管理制度等成为各国普遍的做法。欧盟食品安全法规定，所有的食品经营企业都要进行强制性注册，并建立食品安全检查记录保存制度，用于鉴定食品成分和食品供应商的记录也要强制性地保留，以提高食品安全的透明度和明确食品链中各生产环节的责任。中国台湾和日本分别将可追溯制度称之为产销履历制度，要求生产者及流通业者分别将食品的产销履历流程等相关资讯详细记录、保管并公开，让消费者可以了解各环节的重要资讯，一旦产品发生问题，能通过相应的记录迅速追溯到源头，找出原因，让事故伤害降到最低。

我国《农产品质量安全法》(2006) 中明确规定农产品生产企业和农民专业合作经济组织应当建立农产品生产记录，并规定一套完整的可追溯制度的内容应该包括：建立农产品生产档案登记制度；建立农产品经营档案登记制度；健全农产品的编码标准；建立认证产品及产地环境、投入品使用等数据库；创建农产品生产档案、产品标识、卷别信息等质量安全信息录入与查询系统。《中华人民共和国食品安全法》(2009) 则对食品的生产、加工、包装、采购等各环节，提出了建立信息记录的要求，与之配套的《实施条例》做出的规定则更加明确具体，并规定对发现不符合质量要求的食品应采取召回制度、问责制，对造成严重危害的要追究法律责任。

在我国，还制定有专门的食品溯源制度和技术标准，2008年农业部组织制定的“四项制度”和“五项标准”。“四项制度”是指实行产品追溯标签制度、实行生产档案记录制度、实行产品检测准出制度与实行农产品包装标识管理制度；“五项标准”是指《农产品质量安全追溯操作规程通则》、《农产品质量安全追溯操作规程-谷物》、《农产品质量安全追溯操作规程-水果》、《农产品质量安全追溯操作规程-茶叶》和《农产品质量安全追溯操作规程-畜肉》五项标准。

当然，这里需要强调的是：可追溯制度是溯源机制的组成部分，也是食品可追溯体系的组成部分。其作用是为食品可追溯体系刻画出追溯的路径和方向，同时为食品可追溯体系提供信息支持，对食品经营者的行为作出强制性、明确的规定，要求其按要求如实记录与食品质量安全相关的关键信息，以便在发生食品安全事故且已经通过食品可追溯体系追溯到问题食品的位置时，能够通过记录的信息查明引发问题的具体原因，控制意外事件造成的食品安全事故。

通过可追溯制度的约束，食品经营者按规定保留与食品安全相关的信息，并在需要的时候通过食品可追溯体系向供应链的上下游传递。这些信息既可以降低食品市场中信息的不对称程度，也可以作为食品经营者为不安全生产行为承担责任的依据，这是食品安全全过程监管的核心思想。

5.1.1.2 追溯技术

食品可追溯体系中的追溯技术分为标识技术、追踪技术和预警技术。

（1）标识技术

标识是回溯和追踪食品的依据。标识技术是指确定标识唯一性、不可篡改和完整性的技术，是建立食品可追溯体系的核心技术。标识技术的种类有很多，成本差别很大，成本是限制标识技术得以推广应用的主要阻碍。常见的标识技术包括物理标识技术、电子标识技术和生物标识技术，以下作一些简要介绍：

①物理标识技术。在早期的畜禽养殖历史中，物理标识被用于代表畜主所有权或进行家畜育种和疫病预防和控制，包括戴耳标、打耳号、烙印（使用液氮、烧碱或烙铁）、脚环以及在畜体上纹刻标记等，不能满足基于动物个体标识的追溯要求。

②电子标识技术。电子标识（Electronic Identification，EID）在20世纪90年代被开始用于动物追溯管理，现在已被广泛用于对蔬菜等其他产品的追溯管理中。最常用的电子标识技术有条码技术（Barcode）和无线射频技术（Radio Frequency Identification，FRID），在实践中通常将二者结合使用。

条码技术由条码和自动识别系统组成，条码是利用光电扫描阅读设备识读，并实现数据输入的代码，通常由一组粗细不同、黑白或者彩色相间的条、空集相应的字符、数字和字母组成，用于表示特定的信息。自动识别系统通常由条码符号设计、制作及扫描阅读组成。条码技术是迄今为止，最经济、适用的自动识别技术，具有输入速度快、可靠性高、信息量大、灵活实用和易于制作等优点。条码包括一维条码和二维条码。一维条码用条宽及黑白表示数字、字符信息，仅可以对商品进行标识，不能对产品进行描述。二维条码由点、空组成的点阵组成，具有信息容量大，编码范围广、纠错能力强、编译可靠性高，防伪能力强以及容易制作且成本较低等优点。近些年，不少学者对条码技术在食品追溯中的应用进行了研究，发现条码技术在食品追溯中的应用也受到一些限制。具体而言，一维条码尺寸相对较大，不适宜在较小的物品上使用，而且不具备容错能力，磨损或脏污情况不可读取。二维条形码虽然属于电子标识范畴，提高了身份标识自动获取能力，但其获取前端仍属于光学信号读取装置，易受光线、雾气、血污和粪便等物理环境的影响（王立方等，2005）。同时条形码技术只能采用人工的方法进行近距离的读取，无法实时快速的获得大批量的食品信息，而且其在流通环节上也无法提供食品所处环境信息的实时记录（刘禹等，2006）。

无线射频技术俗称电子标签，其技术原理是利用射频信号和空间耦合（电感或电感耦合）传输特性，实现对被识别物体的自动识别，通常由电子标签（Tag）和读写器（也称为阅读器，Reader）两部分组成。在实际应用中，将电子标签附在被标识物体的表面或者内部，读写器在作用范围内用非接触方式读取电子标签里面存放的信息或者将预定数据写入电子标签，实现对被标识物体的自动识别和数据收集。是一种非接触式的自动识别技术，通过射频信号识别目标对象并获取相关数据，过程无需人工干涉，具有识别距离远、自动化程度高、存储信息量大、环境适应性强等有点，并具有一定的防伪功能。按存储形式，可分为只读（Read Only，RD）和读写（Read and Write，RW）两种；按其内部是否含有电源，可分为有源和无源两种，有源电子标签识别距离长，但寿命短、价格高。无源电子标签通过接收读写器发出的微波信号，利用电磁波提供能量，其缺点是发射距离有限，一般只有几十厘米，需要读写器具有较大发射功率，但具有免维护、重量轻、体积小、寿命长和价格便宜等优点，应用较为广泛。

③生物标识技术。生物标识技术是指利用被标识物体的生物特征对物体进行标识的技术。主要包括基于生物特性的指纹标识技术、同位素溯源技术等。其优点是防伪、不能篡改，缺

点是技术复杂、成本高，比如需要复杂的识别及分析设备。

指纹标识技术。在指纹标识技术中，“指纹”是指具有某些相对稳定并且唯一的整体性特征。唯一性，即特异性，指在同一性质上与其他事物相比具有独特性；相对稳定性，指某种特性在一段时间内非常稳定，不易受到环境的破坏并改变；整体性，指某种特性是集该类性质的整体表征。最具有应用前景的指纹标识技术包括蛋白质指纹标识技术、脂肪酸指纹标识技术、DNA 指纹标识技术。

蛋白质指纹标识技术，指利用蛋白质组学的主要分析手段-图谱法从整体角度分析标识对象细胞内蛋白质的组成及活动规律，从而建立该对象的基因指纹图谱，并作为该对象的标识的技术。

脂肪酸指纹标识技术，指将脂类化合物和脂肪酸作为标识对象物种鉴定的关键物质，通过气象色谱法或气象色谱法和质谱法组合而成的方法鉴定饱和的、单不饱和的和多不饱和的脂肪酸种元素的比例，从而建立该对象的基因指纹图谱，并作为该对象的标识的技术。

DNA 指纹标识技术是采用一系列分析手段对标识对象的 DNA 进行多态性分析，确定其 DNA 基础序列，从而建立该对象的基因指纹图谱，并作为该对象的标识的技术。较为常用的 DNA 指纹技术有：变性梯度凝胶电泳（Denaturing Gradient Gel Electrophoresis，DGGE）、温度梯度凝胶电泳（Temperature Gradient Gel Electrophoresis，TGGE）、限制性片段长度多态性（Restriction Fragment Length Polymorphiems，RFLP）、随即扩增多态性 DNA 技术（Random Amplified Polymophic DNA，RAPD）、扩增片段长度多态性（Amplified Fragment Length Polymorphism，AFLP）、简单重复序列

(Simple Sequence Repeat，SSR）或称微卫星体（Microsatellite)。DNA 指纹标识技术在理论上是最有效和最精确的技术，但其成本高，需要大数据库的支持。

同位素溯源技术，同位素溯源技术是国际上用于追溯不同来源食品和实施产地保护的一种有效工具，是以同位素的自然分馏效应作为基本原理与依据，利用生物体同位素组成受气候、环境、生物代谢类型等因素的影响，从而使不同种类或不同地域来源的食品原料中同位素的自然风度存在差异，以此区分不同种类的产品及其可能的来源地的技术。

此外，在动物追溯管理中，基于动物眼部虹膜图像标识技术等也被赋予了关注。

(2) 追踪技术

追踪技术是解决食品标识信息的采集、传输、存储、处理以及查询等问题。追踪技术是基于标识技术包括数据编码技术(EAN·UCC 等，即由国际物品编码协会和美国统一代码委员会共同开发管理和维护的全球统一标识系统)、数据共享技术、网络技术以及 GPS 和 GIS 信息技术的集合。各种技术最终构成的是一个包括信息采集、传输、存储、处理、查询以及管理维护等多个子系统的完整信息管理系统，需要采用性能比较高端的信息设备进行建立。

(3) 预警技术

在食品可追溯体系的概念被提出时，欧盟颁布的《通用食品法》就提出建立快速预警系统的有关内容。快速预警系统是一种广泛的信息发布、沟通、交流和预警平台，拥有包含溯源信息的庞大的数据库，在发现风险和危害时，可以通过溯源信息快速的交换协助食品可追溯体系，从而使食品可追溯体系的运行对各供应链上各主体形成监管。根据笔者对 2012 年 7 月份对成都市猪肉食品可追溯体系项目展开的调研，生猪屠宰加工、农贸市场和猪肉零售等各个环节都存在使用溯源设备不规范、漏传追溯信息等行为，成为监管的“死角”，针对这些行为，应该在食品可追溯体系中添加预警功能模块，对各主体的行为进行动态、实时的监管，约束和规范各主体的行为，并对相关信息进行分析和统计，反馈给政府监管部门，以采取有针对性的措施，减少监管人力投入、提高猪肉安全追溯管理效率，确保食品可追溯体系的责任激励功能正常发挥。

5.1.1.3　管理体系

管理体系的建立旨在推动食品可追溯体系的建立，为保障食品可追溯体系的有效运行提供动力。反过来，基于食品可追溯体系打造政府食品安全管理信息平台，也能改变传统监管模式效率低、覆盖面窄等弊端，提高监管效率。政府管理体系的建立包括以下要点：①成立统一的管理机构，并建立相应的运行机制；②加大监管力度，营造外部监管环境；③建立基于食品可追溯体系的食品安全管理长效运行机制。

5.1.2　强制性食品可追溯体系的技术结构

5.1.2.1　强制性食品可追溯体系的追溯内容

食品可追溯体系追溯的内容由两部分构成：产品路线和产品信息。产品路线是指产品从原材料到最终成品，在生产链或供应链上的运行轨迹；产品信息是指被采集的与产品质量安全属性相关的信息（Moe，1998）。具体而言，主要包括六个方面：①产品位置信息；②生产过程信息；③转基因信息；④投入品信息；⑤疾病和虫害及防治信息；⑥其他特殊质量信息

(Opara，2003)。

追溯产品路线有两个目的：①跟踪产品的流向，以便在食品安全事故发生后，迅速召回问题产品，避免波及正常产品产生额外损失；②明确产品的责任主体，以便在食品安全事故发生时，方便责任追究。追溯产品信息的目的则是，根据这些基本信息查明事故发生的具体原因，以采取具有针对性的解决措施和方案。上述信息提供给消费者、政府监管部门，还便于消费者判断产品质量、减少信息搜寻成本，以及政府监管部门加强食品安全管理。至于在食品可追溯体系的实施过程当中，究竟应该以追溯产品路线还是产品信息为主，需要视食品可追溯体系的功能和目标而定。强制性食品可追溯体系应该以追溯产品路线为主，追溯产品信息为辅。

5.1.2.2 强制性食品可追溯体系的技术参数

(1) 结构技术参数

衡量食品可追溯体系自身特性差异的技术参数有三个：宽度（Breadth)、深度（Depth)、精确度（Precision)。其中，①宽度指体系记录食品信息的类型和范围，类型描述的是食品质量安全属性的不同侧面，比如：含有的主要成分、经历过的生产加工技术等，范围则指同时记录和传递的信息类型的数量；②深度指可以向前或向后追溯信息的距离，通常可以理解为食品可追溯体系跨越供应链的长度，相邻两个供应链主体之间为一个前后追溯信息的距离单位；③精确度指确定问题产生的根源或产品某种特性的准确性程度，由能分析和描述食品安全程度信息的最小单位决定，分析和描述过程通常由体系中食品安全程度分析控制模块进行（Golan，2004)。在强制性食品可追溯体系的建立过程中，三个技术参数通常根据具体的追溯要求设定，比如，在动物疫病追溯方面，有些需要追溯到投入的饲料，有些则仅需要追溯到养殖场地即可。

(2) 信息技术参数

世界动物卫生组织（OIE）对有效的可追溯体系中的数据管理原则做出规定，完善的数据管理具备 7 个原则：①有效性；②效率性；③保密性；④完整性；⑤可用性；⑥合法性；⑦可靠性。目前，世界各国都还没有设置这方面的具体参数，但这是体系设计者必须考虑的内容，比如其中的完整性，这要求追溯单元不可随意分割，每个单元具有唯一标识，否则标识信息的分裂和拆解将导致整个追溯链条的失效。此外，食品追溯已经出现国际化的趋势，体系的兼容性和可扩展性也是体系设计者在建立过程中必须考虑的重要技术参数，尽可能使用统一的编码体系、数据载体与数据交换系统，比如：EAN. UCC 系统等。

5.1.3 强制性食品可追溯体系的建立

5.1.3.1 强制性食品可追溯体系的建立原则

原则是指观察问题、处理问题的准则，这里指建立食品可追溯体系的前后以及实施过程当中需要遵循的准则，对确保食品可追溯体系建立起来以后能实现最终功能目标具有方向性的意义。最基本的有三个，分别是：实用性、经济性与可用性原则。

(1) 实用性原则

实用性原则是针对食品可追溯体系的功能和目标而言的，强调的是食品可追溯体系功能和目标的设计要紧紧围绕体系使用对象的需求进行。最终能实现何种功能或者达到怎样的目标，主要体现在追溯的内容上，是以追溯产品为主？还是以追溯产品的生产经营主体为主？前者主要是向体系的使用者提供产品信息，后者主要是确定产品质量安全责任归属。食品可追溯体系的推动者和设计者在食品可追溯体系的设计阶段和具体实施工作开始前，应与政府监管部门、消费者、第三方机构进行充分的沟通和交流，了解他们最迫切的需求，并适当考虑其潜在的需求，然后确定最终的功能要求和实施路线。就强制性食品可追溯体系而言，政府监管部门的目标是要能服务于公共卫生、危机管理，对猪肉市场主体的行为进行有效监管，消费者的目标是知道猪肉的具体来源，产权归谁，应以追溯猪肉经营者为主。

（2）经济性原则

经济性包括成本效益两方面的内容，能体现食品可追溯体系的效率，同时能对参与主体的行为产生阻碍或激励。食品可追溯体系在建立和运行过程中都会产生成本，其构成十分复杂，影响成本的因素众多，而其效益往往是针对多个主体而言的，而且存在难以从经济角度进行量化的困难。食品可追溯体系的建立需要投入较高的设备采购成本，运行过程中会产生较高的管理维护成本，这在很大程度上阻碍了食品可追溯体系的推广应用，仅存在于特定的产品领域或被用于特定的用途。成本最小化是体系推动者和设计者应该考虑的方向，在体系建立前，应针对各个环节可能产生的成本进行合理评估，就成本效益问题进行充分科学论证；在体系运行过程中，需要根据实际情况，从技术和管理方面进行合理的调整，降低运行成本。

（3）可用性原则

食品可追溯体系的可用性是针对体系的使用者而言的，这关系到使用食品可追溯体系的成本。对于消费者来说，包括两方面的涵义：①体系传递的信息的真实性能够得到保证，②成功追溯到问题食品及责任人的难度较低。强制性食品可追溯体系中，信息的真实性通过政府监管与技术措施来保障，一般而言，政府监管力度越高、制度设计越合理、所采用的技术越先进（如DNA标识技术等），信息的真实性越高，但相应的成本也越高。如果信息的真实性得不到保证，消费者就必须自己去验证，而此时产生的成本往往是难以承担的。

为保证成功追溯到问题食品及责任人的难度较低，需要食品可追溯体系的结构合理，溯源流程足够简洁清晰，信息的精度、宽度与深度适当，所采用技术的复杂度保持适中。从而，一方面保证信息的实时动态地传递、共享，降低消费者选取和有效获取信息的难度，另一方面防止信息过载造成消费者接收和理解困难。否则食品可追溯体系对消费者来说是难以使用的，成功追溯到问题食品及责任人的概率将大大降低，在追溯食品信息时需要付出更多的时间、精力，甚至更高的费用。同时，这对来自企业、监管部门等的运行管理维护人员来说，也能降低工作的难度，减少时间精力花费。

所以，对强制性食品可追溯体系可用性的关注，不管是在体系建立前，还是在体系运行过程中，都是十分必要的，可用性原则贯穿整个过程的始终。

5.1.3.2 强制性食品可追溯体系的建立模式

从我国现行的追溯实践情况来看，食品可追溯体系的建立模式有两种：链式模式和集中发散模式。

(1) 链式模式

链式模式也叫做逐级追溯模式，设置的追溯路径为：原料供应商←→生产加工商←→运输流通商←→销售商。在食品可追溯体系的建立过程中各食品经营者遵循“向前一步，向后一步”的原则，对产品进行唯一标识，标识中只含有经营者及产品的信息，保存信息后，自上而下将信息传递给有直接业务联系的经营者。当消费者或政府机构需要追溯产品的相关信息时，只能沿着食品供应链逐级向上回溯产品的来源。即向后追踪到产品的直接去向，向前回溯到产品的直接来源。链式模式的优点在于实施过程简便，成本较低；缺点是信息反馈时间长，追溯效率低下；体系可靠性较低，某单个环节出现问题就会导致追溯链中断。

（2）集中发散模式

如图 5-1 所示，集中发散模式主要由政府部门推动实施，是强制性食品可追溯体系采用的模式。该模式中，政府部门一方面对食品经营者标识和上传的产品信息进行实时动态监管，保证溯源信息的真实可靠性，另一方面提供统一的信息平台，将各食品经营者连接在一起，对整个供应链中产品的追溯在信息平台中完成，并向消费者发布相关溯源信息。这种模式提供统一的数据接口和数据存储模式，追溯反馈时间快，效率高；缺点是网络设备、大型信息管理系统等的采购、运行、维护和管理的成本都较高，同时，难以采取有效手段激发各食品经营者参与的积极性。

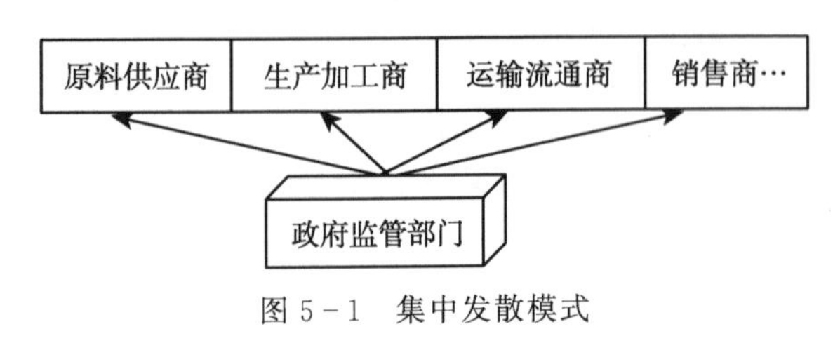

图 5-1　集中发散模式

5.1.3.3 建立强制性食品可追溯体系的基本步骤

建立食品可追溯体系通常需要经过以下步骤：第一，选择建立食品可追溯体系的产品行业；第二，对选择的产品行业的供应链、生产加工链进行分析，确定溯源信息需要流经的具体环节和流程及方向；第三，分析追溯链各环节中的重点质量安全要素及控制点，并建立相应的可追溯制度，强制要求参与食品可追溯体系的主体记录相关的质量安全信息；第四，建立溯源编码体系，包括标识信息编码和传输信息编码两部分，应优先采用国际或国内通用的编码技术；第五，建立溯源信息传输、存储、控制、查询管理系统；第六，最后，结合制度与管理，以及已有的食品安全保障体系，建立可追溯体系（郑火国，2012）。

5.2 强制性食品可追溯体系的成本与效益

成本效益是对食品可追溯体系效率最直接的衡量，而且对其建立和运行过程中各参与主体的行为有直接的影响，能构成激励或者阻碍，是食品可追溯体系长效运行和推广机制的重要组成部分。从20世纪80年代开始，在全球重大食品安全事件频繁发生的背景下，西方发达国家就已经开始注重食品安全监管政策的效率，纷纷加强对食品安全管制的成本效益研究。1995年，美国农业部（USDA）成立了食品安全管制评估和成本效益分析办公室；OECD成员的政府部门则要求使用科学方法对管制进行评估。根据成本效益准则对食品安全管制进行分析成为趋势。经济学家Antle（1995）提出了进行有效食品安全管制的原理，并对食品安全管制在牛肉、猪肉等不同产品上的成本进行估计和测算，结果发现会超过美国农业部估计的效益；Arrow（1995）从环境、健康和安全管制三个方面提出了食品管制的成本效益分析原理；Mihcael（1992）估计了企业履行食品加贴标签法规的成本；美国马萨诸塞州立大学的Caswell教授从成本和效益两个方面，提出了考察企业遵循质量安全标准效益的计算公式。

从食品可追溯体系产生开始，成本效益问题便得到理论界的关注，Golan（2003）认为食品可追溯体系与食品市场上已经大量存在的HACCP、GMP等体系的功能与作用机制是相似的，实现的价值重复，而建立和运行的成本较高，特别是被要求强制性建立的时候，此时，食品可追溯体系难以实现市场价值。Goldsmith（2004）进一步分析指出这主要是因为消费者觉得食品可追溯体系并未带来额外价值，而不愿意为可追溯食品额外付费。此后，这成为理论界关于食品可追溯体系的效率到底如何的争论的焦点，成本效益问题成为研究食品可追溯体系时必不可少的问题。Wilson等（2005）、Gellynck等（2007）、Menrad等（2009）等运用仿真模型等方法对小麦行业中的企业建立食品可追溯体系的成本进行了分析和测算；Sparling等（2006）与Pouliot（2008）分别对加拿大乳制品企业和加拿大魁北克强制性牲畜食品可追溯体系的成本效益进行了测算和对比分析，Brofman等（2008）运用面向对象法对建立食品可追溯体系的经济效益进行了评价，杨秋红、吴秀敏（2008）对企业建立食品可追溯体系的成本效益的影响因素、成本效益的理论构成进行了分析。陈红华（2011）以北京市某蔬菜企业为例采用Shapley值法研究了建立食品可追溯体系的效益在经营者之间的分配问题。

通过对已有研究进行分析发现，这些研究主要围绕企业参与和实施的环节进行，而缺乏对食品可追溯体系建立和运行过程中其他环节的成本效益进行分析，从而难以衡量整个体系的效率；对成本的分析较多，对效益的分析较少，许多一致的观点认为食品可追溯体系的效益难以测量，控制成本是提高体系经济效益的主要方向，在对效益的分析过程中较多关注经济方面的效益，而对食品可追溯体系的社会效益的关注较少；在对成本效益的影响因素、理论构成的分析中，尚未明确提出其理论基础，指标有待进一步完善。而在实践当中，国内外对食品可追溯体系的建立和运行过程中成本和效益的评估及论证也并不充分，影响了实施效果。

鉴于此，本部分将对食品可追溯体系的成本、效益的理论构成及其影响因素进行深入分析，为进一步完善食品可追溯体系提供政策建议，为建立食品可追溯体系长效运行和推广机制提供依据。

5.2.1 强制性食品可追溯体系的建立运行成本分析

5.2.1.1 成本的理论构成

5.2.1.2 成本的影响因素

食品可追溯体系研究方面的代表人物 Golan（2004）在对美国食品供应链中的食品可追溯体系进行研究时指出，受追溯成本的约束，完全的追溯是不可能的，衡量追溯水平主要由食品可追溯体系的宽度、深度与精确度决定。食品追溯水平越高，食品可追溯体系的宽度、深度与精确度越高，采取的可追溯措施越多、技术越复杂，建立成本越高。当然，这也有利于加强产品质量安全控制，降低事故发生风险以及事故处理成本；食品所包含的安全信息越多，也就愿意支付更高的费用，体系带来的效益也越高，但是，信息太多、太复杂也会造成消费者的理解和认识的困难。三者分别对应着不同的成本效益比率，建立食品可追溯体系的过程中要根据对使用目的和成本效益比率的综合权衡来设置体系的宽度、深度与精确度，以最大程度发挥食品可追溯体系的效率。

成本产生于食品可追溯体系建立和运行的各个环节，根据上述思路，本书主要从影响食品可追溯体系宽度、深度与精确度的因素探讨成本的影响因素，并将其划分成内部和外部两类。

(1) 成本的内部影响因素

内部因素指对食品可追溯体系的运行构成影响，进而影响其成本的因素。主要有以下两类：

①食品可追溯体系的自身特性。对成本构成影响的特性包括体系结构的合理性、运行流程的简洁性与明晰度、运行管理的到位程度等。前两者一方面决定于体系的功能要求，但其影响不大；另一方面决定于体系建立与设计时对其科学性和合理性的论证充分程度如何，以及体系建立与设计人员的专业能力，这往往是最主要的。运行管理的到位程度则决定于管理人员的自身素质和工作的努力程度。

食品可追溯体系的自身特性对成本的影响是针对不同参与主体而言的，体系结构的不合理和运行流程的不畅不但会引起体系维护人员操作方面的困难；而且会给企业等参与主体的正常业务增加负担，降低其参与建立食品可追溯体系的积极性；而对于体系的使用者政府监管部门、第三方机构和消费者等来说，他们面临的是体系可用性的降低，这会增加他们的使用成本，需要他们付出更多的时间和精力。

②食品可追溯体系的建立技术。技术是实现食品可追溯性

的手段和工具，是食品可追溯体系的重要组成部分，也是体系可靠性的保证，体现在溯源信息真实性和完整性等方面，关系到食品可追溯体系的成功建立。为保证追溯水平，防止信息的失真或丢失，以及参与主体作弊、提供虚假信息，在体系建立时需要在信息跟踪和追溯各个环节采用先进的技术，但技术越先进成本越高。在建立食品可追溯体系的过程中，究竟采用哪种技术取决于其成本的高低和对追溯水平以及体系可靠性的具体要求的综合权衡。比如：在动物产品可追溯体系中，DNA“指纹”技术、同位素测定技术等身份标识技术能很好保证标识的真实性和唯一性，避免被人为篡改，但最常用的却是FRID技术（无线射频识别技术），虽然这会损失一部分体系的可靠性，却能大大降低整个体系的建立和运行成本。

当然，过于复杂的技术也会带给体系维护人员操作方面的困难，维护的费用也相对较高，也不利于消费者等对溯源信息的理解和使用，从而增加相关主体的使用成本。

（2）成本的外部影响因素

外部因素指对食品可追溯体系的宽度、深度与精确度有直接的、决定性影响，从而对成本产生影响的因素。相对于内部因素，外部因素更加广泛。主要包括以下几种：

①食品安全风险。在用食品可追溯体系解决食品安全的思路里，为有效防范和控制安全风险，溯源信息必须具有一定的宽度、深度和精确度。根据本书第二章的分析，导致较高食品安全风险的因素主要包括：食品经营者的机会主义行为、环境的恶化等。此外，安全风险与食品的类别有关，食品弱质性的差异、隐藏安全信息的程度不同等，使得不同种类食品含有的安全风险程度不同。相对来说，动物畜禽类产品等具有更高的

安全风险，对其追溯性的要求更高也更为迫切。这些因素通过影响食品安全风险间接影响食品可追溯体系的成本。

②供应链。食品安全信息追溯是基于食品供应链全过程的追溯，食品可追溯体系主要依供应链建立。供应链上环节越多，长度越长，追溯信息的深度就越深。产品生产工艺和流程越复杂，涉及的食品安全危害和控制的关键节点就越多，需要记录的信息就越多，需要追溯信息的广度就越广；而供应链上各主体之间的协作程度则直接影响到信息传递的效率，各主体之间的彼此不合作会产生较高的协调成本、信息交易成本。供应链上各主体之间的协作关系有四种：现货交易式、合同订购式、战略联盟式和垂直一体化式，依次往后它们对食品可追溯体系成本的影响越小。

③消费者、政府监管部门以及第三方机构的溯源信息要求。消费者具有对溯源信息的需求，并要求信息在真实可靠的前提下：第一，尽可能详尽和透明；第二，简洁清晰、易于理解，通常情况下两大要求存在冲突、不可兼得。政府监管部门以及第三方机构对溯源信息的要求有：第一，信息必须真实与完整，这是信息能够被各方得以使用的前提和保证；第二，信息要尽可能全面和详尽，特别是食品经营者与食品生产加工相关的行为数据、食品中安全危害物质含量监控数据等，以用于食品安全风险分析，加强对食品安全风险的预防与控制；第三，信息的格式必须规范，使用统一的编码技术，以方便存储、传递和检索。所有这些要求都能最终体现到对溯源信息宽度、深度与精确度的要求上，而最终对食品可追溯体系的成本产生影响。

④追溯的规模。分为追溯产品的规模和追溯食品经营者的规模。就追溯产品的规模而言，规模越大，环节就越多，食品

可追溯体系的建立越复杂，整个体系结构越复杂、越庞大，建立、维护与运行过程中就需要投入更多的人员、设备等，成本越难以控制。就追溯食品经营者的规模而言，由于单个主体必须在自己的责任范围内承担相应的食品可追溯体系建立与运行成本，所以供应链上主体越多，整个体系的成本也相应增加。在食品可追溯体系试点推广过程中，建立覆盖所有产品类别和地区的食品可追溯体系并不可行，基于某个产品的供应链在一定的地域范围内建立是目前较为普遍的形式。

5.2.1.3 不同形态和环节的成本

食品可追溯体系在建立和运行过程中都会产生成本，成本的构成十分复杂，按其性态和产生的具体环节来核算是两种比较常用的方法。

(1) 按成本的性态核算

包括固定成本和变动成本两类，可以用公式表示如下：

$$C_t = C_c + C_v \tag{5.1}$$

①固定成本（C_c）。固定成本主要产生在食品可追溯体系的建立阶段，主要包括：建立前的制定相关法律法规、技术标准，项目调研考察，体系的规划设计，项目宣传费用；建立中的企业等参与主体生产流程的改造、协调（企业自己承担的部分）与新聘用管理人员的考核，建立相应技术体系的软件系统和设备采购及安装调试费用，以及为鼓励企业等主体积极参与而支付的一次补偿等。其中，软件系统和设备采购费用主要包括，信息标识、记录、存储、传递、终端查询系统和设备的费用。

②变动成本（C_v）。变动成本主要产生在食品可追溯体系的运行阶段，主要包括：软件系统和设备升级维护费用，相关

管理或技术人员的工资及培训费用，产品可追溯标签费用，向第三方信息设备供应商支付的费用，以及体系运行所花费的能源年费用等。总的变动成本可用下列公式表示为：

$$C_v = C_{upgrade} + \bar{W} \times m \times 12 + L \times q + i + e \qquad (5.2)$$

上式中，$C_{upgrade}$为软件系统和设备升级维护年费用，$\bar{W}$为包括培训费用在内的平均人员工资水平，m为人员总人数，L为产品溯源标签的单价，q为产品的年产量，i为向第三方信息设备供应商支付的年费用，e为体系运行所需的能源年费用。

综上所述，食品可追溯体系的总成本为：

$$C_t = \sum_{j}^{J} (C_c \times T + C_{upgrade} + \bar{W} \times m \times 12 + L \times q + i + e)_j \qquad (5.3)$$

在上式中，J为设计的预计体系使用年限，T为固定投资的折旧率（这里按照平均年限法计算，即折旧率为1减去预计净残值率然后除以预计使用年限）。

(2) 按成本产生的具体环节核算

国内学者方炎等（2005）主张从成本产生的具体环节来进行核算，侧重于技术体系的成本，主要由信息标识、采集、存储、传递、查询和其他成本构成，用下列公式表示：

$$TC = C_{identify} + C_{collect} + C_{storage} + C_{transfer} + C_{inquire} + \mu \qquad (5.4)$$

①信息标识成本（$C_{identify}$）。食品身份标识是建立食品可追溯体系过程中最为重要的环节。产生的成本主要包括，进行身份标识的软件系统、设备采购费用，食品标签费用，人工费用。身份标识技术种类很多，往往决定着整个技术体系的先进

程度，对成本的影响比较大，比如DNA身份标识技术比FRID（无线射频标识技术）先进得多，但前者的成本远远高于后者，并且对信息采集、存储、传递等环节的成本有重要影响。

②信息采集成本（$C_{collect}$）。信息采集涉及产品从源头流向消费者终端的整个过程，产生的成本主要包括信息采集和上传的终端设备的采购、维修费用，比如溯源手持机，以及各主体用于信息采集的人员的工资和培训费用。

③信息存储成本（$C_{storage}$）。信息存储是进行食品追溯和跟踪的前提，食品可追溯体系每天接收和处理的食品安全信息是海量的，为有效防控食品安全风险，这些信息的保留还具有一定的时限。该环节产生的成本主要是大容量存储设备的采购及维护费用。

④信息传输成本（$C_{transfer}$）。要实现信息动态、及时的传输，需要建立基于整个食品可追溯体系的庞大信息管理系统，网络基础设施建设费用、系统的软硬件设备的采购、维护与管理费用构成的成本总量相当巨大。

⑤信息查询成本（$C_{inquire}$）。主要包括在集贸市场、超市等消费终端设立的终端查询设备的采购费用、维护和管理费用。通常情况下，为满足不同消费者的需求，信息的查询需要结合网络、电话等多种手段，所以信息查询成本还包括网络、电话信息查询系统设备的采购、维护和管理费用。

⑥其他成本（μ）。主要包括除上述提到的五种成本外，产生的其他与食品可追溯体系的建立与运行相关的所有费用，比如：为升级整个体系所投入的研发费用，为普及食品溯源知识所进行的宣传、消费者健康教育计划项目的费用等。

5.2.2 强制性食品可追溯体系的预期效益

食品可追溯体系的效益不易测量，是研究的重点和难点，并且是针对参与建立食品可追溯体系各主体而言的，包括食品经营者、消费者，以及相关推动者在内的众多主体。根据利益相关者理论，他们作为食品可追溯体系的利益相关者，其行为对实现食品可追溯有重要影响，而行为本身同时受到来自食品可追溯体系的激励或约束。下面分别对食品可追溯体系带给各个利益相关者的效益进行分析。

5.2.2.1 食品经营者获得的效益

对于食品经营者而言，他们获得的效益来自三个方面：第一，微观层面的效益。通过实施食品可追溯体系激发他们对食品安全问题的关注，加强质量安全预防和控制措施，提升内部质量安全管理水平，从而降低企业食品安全事故发生风险；当事故发生时，企业能通过食品可追溯体系及时确定事故原因，召回问题产品，并结合积极的事故处理措施和行为获得消费者的信任，从而将事故发生成本降到最低。第二，中观层面的效益。通过食品可追溯体系向消费者传递积极的产品质量安全信息，满足消费者的信息需求，消费者更愿意购买可追溯食品并支付更高的价格，产品溢价和更高市场占有率往往成为企业最主要的可测算的效益，成为追逐的首要目标。第三，宏观层面的效益。食品可追溯体系降低整个市场中的信息不对称程度，抑制各主体的机会主义行为，使得市场中的“逆向选择”和“道德风险”问题得以解决，使企业拥有更加公平和有序的竞争环境；食品可追溯体系的实施能使各经营者就食品安全问题形成一个利益共同体，在食品安全信息传递和交换方面彼此加强沟通、协调和联系，提高整个供应链的效率，降低协调和信息交换成本。

5.2.2.2 政府监管部门获得的效益

政府监管部门获得效益主要来自两个方面：第一，食品可追溯体系作为新的有效的食品安全监管工具，特别是在责任激励的视角下，能有效整合已有的监管资源，提高监管效率，降低监管成本，具体表现为：食品可追溯体系能为食品安全监管提供数据支持、为处理食品安全突发事件提供支持、监管过程透明、动态和及时监管、减少监管过程中的人力投入等。第二，食品安全事故会造成较高的社会成本，基于食品可追溯体系的食品安全管理能及时并以最小的成本处理食品安全事故，从而降低食品安全事故给“市场经济秩序、食品进出口贸易、社会稳定、政府在公众中的受信任程度”等方面带来的巨大负面成本，通常情况下，这部分成本由政府承担。

5.2.2.3 消费者获得的效益

食品可追溯体系带给消费者的效益分析起来相对复杂，消费者具有食品安全信息需求，食品可追溯体系能向消费者提供判断食品安全程度的信息，一方面能降低消费者购买食品前的信息搜寻成本，同时判断食品的安全程度，降低食品安全风险；另一方面当食品安全事故发生时消费者凭借这些信息能更容易追溯问题源头、进行索赔，降低事故发生成本。不仅如此，食品可追溯体系激励食品经营者提供更多安全食品，整个市场的食品安全风险降低，消费者承受的食品安全成本随之降低，比如：医疗、诉讼费用等。

综合来看，食品可追溯体系带给消费者的效益是食品安全风险的降低，消费者获得安全的食品，并从中获得更高的效用和价值，因为安全的食品让他们的健康面临较低的风险（周洁红，2003）[116]。

5.3 案例：成都市猪肉行业的食品可追溯体系

5.3.1 实施背景

成都市是被商务部、财政部确定为全国肉类蔬菜流通追溯体系建设的首批试点城市，成都市于2008年底启动猪肉食品可追溯体系项目，由政府推动在全市范围内分阶段强制性实施，至2011年底，已经围绕打造“来源可追溯、去向可查证、责任可追究”的猪肉质量安全追溯链条，建立起基于“生猪屠宰加工企业/农产品批发市场-农贸市场-零售摊主”的局部供应链的，以物联网技术为技术支撑，依托成都云计算中心进行数据处理，运用FAID等技术手段，结合市场准出、准入制度，实现以“猪肉责任人追溯为主，猪肉产品追溯为辅”的双重追溯的猪肉食品可追溯体系，实现了对包括二三圈层14个区的猪肉的全城追溯，年追溯生猪达500多万头。初步建立起市级猪肉追溯管理平台，制定了一套比较完整的管理制度和技术标准，走在了全国乃至世界的前列。

5.3.2 体系结构

5.3.2.1 可追溯制度

(1) 猪肉可追溯制度

包括四个方面：第一，经营者备案制度。进入批发市场、农贸市场的经营者，餐饮单位经营者，屠宰和食品加工企业，按照追溯管理的要求，在相应环节办理备案手续和流通服务卡，将备案信息录入追溯体系；第二，持卡交易制度。进入批发市场、农贸市场的经营者，餐饮单位经营者，屠宰和食品加工企业等，凭流通服务卡入场并办理交易和结算；第三，质量检验检测制度。屠宰企业、批发市场、农贸市场和超市，建立质量检验检测制度，配备必要的检验检测设备和工作人员，对屠宰的生猪和产品，进入市场的无质量证明或质量手续不全的产品，进行肉品品质检验或进行质量抽检，并出具检验检测证明；第四，进销货电子台账制度。屠宰企业、批发市场或经营者在屠宰、批发、零售餐饮、食品加工等环节，通过追溯体系如实记录所采购的肉类名称、数量或重量、供货商及联系方式、产地、生产者、采购日期等信息，并按规定保存交易纸质凭证供查验。

(2) 法律法规体系

在猪肉行业实施食品可追溯体系的法律依据主要有：《中华人民共和国农产品质量安全法》《中华人民共和国动物防疫法》《中华人民共和国食品安全法》，这也是制定猪肉可追溯制度等的准则和依据；为落实食品可追溯体系的实施和推进工作，成都市政府先后围绕农委、商务、工商、质检、卫生等监管环节制定和发布相关通知、办法以及意见等 24 项，比如：《生猪屠宰环节产品质量安全电子溯源标签管理办法》，《生猪产品质量追溯芯片使用及回收管理暂行办法》，特别是《建立生猪产品市场准入管理制度》的建立，有力推进了食品可追溯体系建立工作的顺利进行；按照该制度，进入市场交易的生猪产品必须具备电子溯源标签（芯片）和“两章一证”，即生猪定点屠宰厂（场）或经正规肉类批发市场交易的已绑定电子溯源标签（芯片）的生猪产品，并凭动物检疫监督机构出具的检疫合格证明和动物产品检疫合格验讫印章以及生猪定点屠宰厂生猪产品品质检验合格验讫印章入市销售。

(3) 技术标准体系

对商务部“统一规划、统一标准、分级建设、分级管理”的“四统一”标准进行细化和扩展，委托专业机构制定了18项追溯标准，促进了追溯体系建设的系统化和标准化。

5.3.2.2 追溯技术

(1) 溯源流程

如图5-2所示，本地生猪与外地生猪的生产加工、流通过程不同，溯源流程不同。本地生猪的溯源流程依次为：对进入定点屠宰企业的待宰生猪进行登记；在定点检疫点进行宰前检疫，检疫合格后宰杀；对白条猪肉进行宰后检疫和品质检验，合格后绑定已录入检验检疫等信息的电子溯源芯片；进入流通环节时，农贸市场使用手持读卡器识别查验合格后放行；

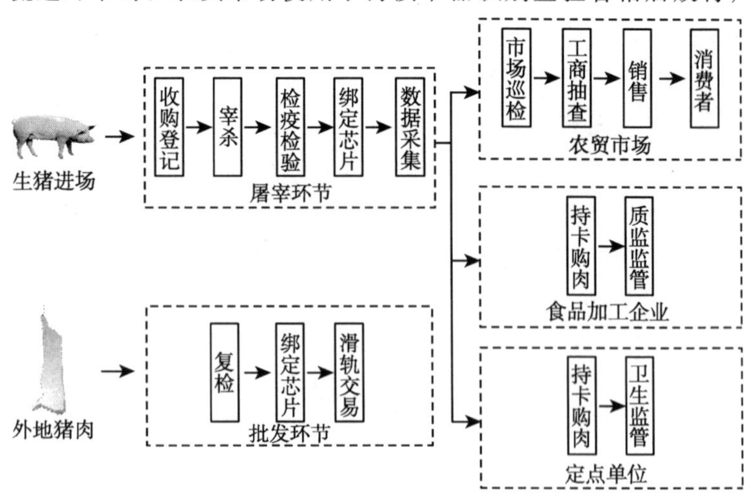

图5-2 猪肉溯源流程图

消费者购买猪肉时，经销商使用溯源电子秤称量，并打印溯源小票。猪肉经营户、生产加工企业、餐饮单位和食堂在采购猪肉时，必须同时持有配发的身份识别卡。

外地猪肉的溯源流程为：委托成都农产品批发中心、成都春源食品有限公司、四川金忠食品股份有限公司三个窗口企业之一对猪肉进行抽检，合格后，白条猪肉绑定电子溯源芯片予以准入，分割肉批次抽检信息录入系统后予以准入。

（2）体系结构

基于生猪溯源流程，搭建包括屠宰、批发、农贸市场、加工环节、定点单位（餐饮企业、机关单位、学校食堂等），以及信息查询系统的信息化追溯平台，实现从生猪屠宰到生猪产品流通全过程覆盖。将追溯平台部署在成都云计算中心，云计算是当代信息技术前沿领域，信息存储、计算和安全保障能力强大，能确保系统运行稳定高效，为食品安全的智能管理奠定基础。追溯上采用 RFID 技术，各环节的流通信息均通过手持读卡器自动上传至信息平台数据库，经云计算中心进行数据处理，实时传输至“成都市生猪产品质量安全可追溯信息系统”的各相关子系统，各经营主体登陆子系统查询、维护、管理信息。农委、商务、工商、质监、卫生等部门通过登陆系统管理平台进行网上巡查，并运用手持读卡器对管理对象进行实地抽查，两者结合实现监管的全覆盖。消费者通过信息查询机、网络、电话和短信等方式查询猪肉来源信息，体系的结构和设备的布局详见图 5－3。

从信息平台的架构来看，如图 5－4 所示，整个平台主要包括窗口展示层、业务应用层、智能处理层、网络层以及系统的安全体系和食品安全质量监管体系构成。业务应用层是整个信息平台的核心。

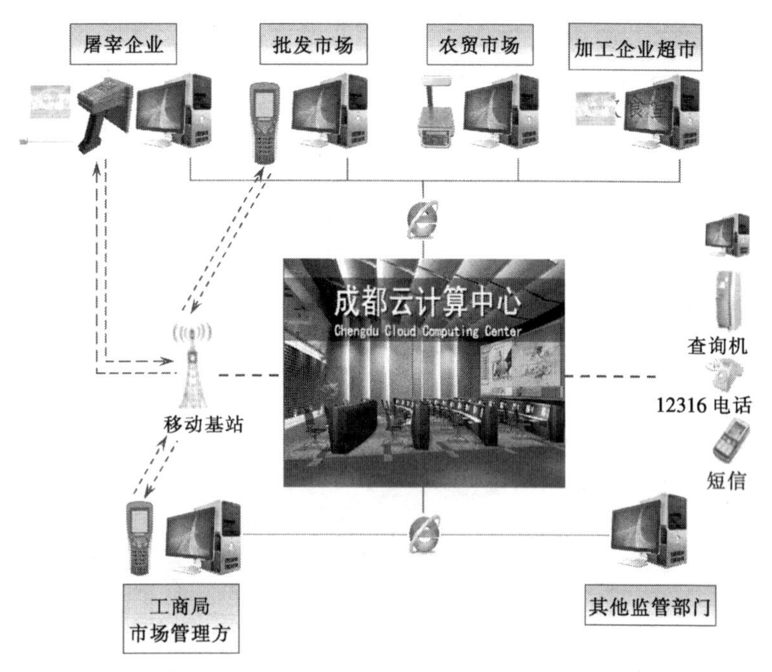

图 5-3　猪肉行业的食品可追溯体系的结构及设备布局图

5.3.2.3　政府管理体系

成都市实施猪肉食品可追溯体系的目的是为提升食品安全监管和保障能力，改变传统监管方式，提高监管效率，加强生猪屠宰、加工、流通等环节的监管。管理体系建立围绕建立猪肉可追溯管理运行机制和营造外部监管环境进行。

由食品安全委员会办公室牵头，农委、商务局、工商局、质监局、卫生局、消费者协会、卫生局、信息办、公安局共同参与成立联合推进工作组。各部门按照分段管理职能，分别负责各环节相应的食品可追溯体系建立工作，监督各主体使用溯源设备、上传信息等，建立起生猪产品质量安全可追溯管理运

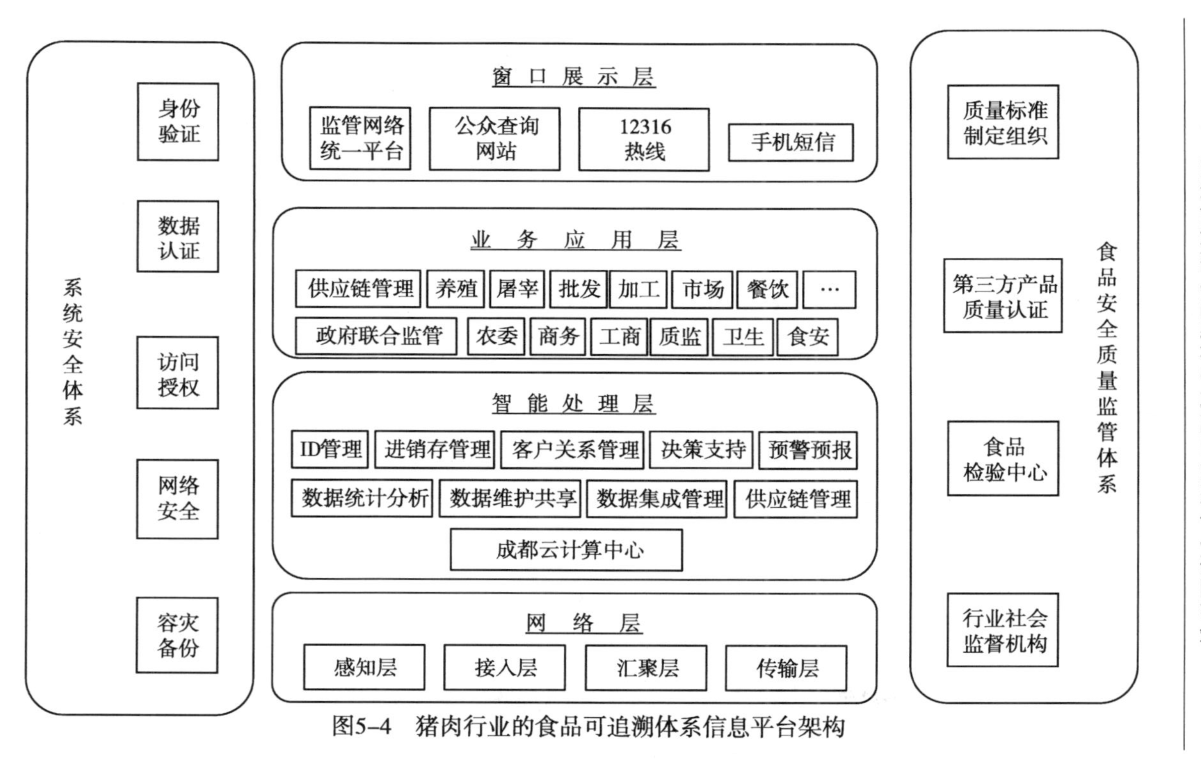

图5-4 猪肉行业的食品可追溯体系信息平台架构

行机制，实现对生猪屠宰、加工、流通等环节的有效监管。总的实施原则是“源头控生产、加工控质量、批发控流向、零售控准入”。食品安全委员会办公室负责统筹协调；农委负责养殖环节的管理、屠宰企业和农贸市场的检疫监督；商务局负责定点屠宰企业、批发市场、超市、专卖店的流通秩序；工商局负责企业工商注册登记和农贸市场等流通环节的食品质量安全管理；质监局负责猪肉加工企业的管理和农贸市场溯源电子计价称校准检验管理等；卫生局和消费者协会指导餐饮企业参与建立食品可追溯体系；信息办负责体系建设的技术支持，具体工作内容包括信息平台的建设、管理和维护，体系的设计和开发，制定相应技术标准，收集、汇总和发布溯源信息，提供信息服务等；公安局协助查处违法案件。

此外，各部门通过建立联合执法机制，按照打防结合原则，加大对市场周边占道流动肉贩菜贩的整治，严厉打击私屠滥宰、注水、加工病害猪肉等违法行为，为建立食品可追溯体系营造强有力的监管环境。

5.3.3 建立运行成本

5.3.3.1 研究设计与数据来源

(1) 研究设计

为便于分析，增强可操作性，根据前面的理论分析，采用5.2.1.3中按成本的性态核算的方法，结合对成都市猪肉行业的食品可追溯体系进行的实地考察，确定屠宰环节的猪肉溯源芯片费用和增加的管理人员的工资、农贸市场环节的新增加的管理人员工资或者原有管理人员增加的工作时间以及政府的前期投入为成本的主要组成部分。利用调研数据，计算出总的成本和平均每头生猪的追溯成本。

(2) 数据来源

此处使用的数据来自两个方面，一部分来自笔者与本课题组对生猪屠宰企业、农贸市场和猪肉零售摊主进行的问卷调查(详见第一章 1.6.2 数据来源)，另一部分来自成都市食品安全委员会办公室提供的资料。

5.3.3.2 猪肉可追溯体系的成本分析

(1) 成都市猪肉可追溯体系成本的主要构成

①猪肉溯源芯片的成本。成都市猪肉食品可追溯体系建立起以后，每年追溯的生猪在 500 万头左右，“成都市食品质量安全溯源监管公共服务平台”提供的数据显示，2011 年 7 月份到 2012 年 6 月追溯的屠宰生猪数为 528.67 万头[①]，每年需要的溯源芯片数量为 1 057.34 万片，按每片芯片的单价 0.8[②] 元计，年采购溯源芯片的费用为 845.872 万元。根据笔者利用对成都市 30 家大中型代表性定点生猪屠宰企业的问卷调查数据的计算结果显示（表 5－1)，企业年均屠宰量为 13.427 万头，年均芯片需求量为 16.112 万片，需要的年均采购费用为 12.889 万元。这对于盈利结构单一的屠宰加工企业来说，是不低的成本，被调查企业中最多的年均需要芯片 66 万片，成本高达 52.8 万元。根据调研过程中了解到的信息，许多规模较小的企业不愿意承担芯片费用，规避成本的现象不可避免。

① http：//221.237.182.98/web/ui/bull! intInfo.shtml，成都市肉类蔬菜流通追溯体系城市管理平台。

② 溯源芯片最初的采购成本为 2 元/片，通过招投标后，降到 0.8 元/片。

表 5-1 生猪屠宰加工企业年屠宰量与溯源芯片需求量

编号	2009 年屠宰量（万头）	2010 年屠宰量（万头）	2011 年屠宰量（万头）	年均屠宰量（万头）	年均芯片需求量（万片）
E01	15.000	15.700	17.100	15.933	19.120
E02	5.000	5.000	5.000	5.000	6.000
E03	14.000	15.000	17.000	15.333	18.400
E04	40.000	50.000	40.000	43.333	52.000
E05	2.800	2.680	2.760	2.747	3.296
E06	4.000	6.000	5.000	5.000	6.000
E07	18.000	23.000	15.000	18.667	22.400
E08	38.000	44.000	33.000	38.333	46.000
E09	1.002	0.908	0.980	0.963	1.156
E10	29.748	26.599	17.893	24.747	29.696
E11	5.400	5.400	5.400	5.400	6.480
E12	15.000	16.000	15.000	15.333	18.400
E13	15.000	18.000	20.000	17.667	21.200
E14	4.500	4.500	4.500	4.500	5.400
E15	50.000	60.000	55.000	55.000	66.000
E16	12.000	13.000	14.000	13.000	15.600
E17	32.850	25.550	25.550	27.983	33.580
E18	6.000	7.000	6.000	6.333	7.600
E19	5.500	6.000	5.500	5.667	6.800
E20	2.000	2.500	3.000	2.500	3.000
E21	5.000	5.000	5.000	5.000	6.000
E22	4.500	5.000	4.500	4.667	5.600
E23	4.500	5.500	5.000	5.000	6.000
E24	15.000	18.000	20.000	17.667	21.200
E25	10.000	14.000	14.000	12.667	15.200

（续）

编号	2009年屠宰量（万头）	2010年屠宰量（万头）	2011年屠宰量（万头）	年均屠宰量（万头）	年均芯片需求量（万片）
E26	6.000	5.000	5.000	5.333	6.400
E27	7.200	7.500	7.800	7.500	9.000
E28	15.000	12.000	10.000	12.333	14.800
E29	7.000	1.800	1.800	3.533	4.240
E30	5.500	6.000	5.500	5.667	6.800
均值	13.183	14.221	12.876	13.427	16.112
总数	395.500	426.637	386.283	402.807	483.368

②新增加员工的工资和原有工作人员工作时间的增加。生猪屠宰加工企业增加的生产加工流程，包括绑定芯片、录入和上传生猪标识信息、确认信息等诸多环节，如表5－2所示，绝大多数大中型规模企业按规定平均配备了2到3名专门的操作和管理人员负责相应的工作，月人均工资在1 500元左右，平均每个企业年均增加人员工资支出为5.316万元，所有企业每年要为增加员工支付工资159.48万元。

表5－2　生猪屠宰加工企业增加的员工数和年总工资支出

企业编号	增加员工数（个）	月人均工资（元）	年总工资支出（万元）
E01	5.000	1 800.000	10.800
E02	1.000	1 800.000	2.160
E03	2.000	1900.000	4.560
E04	4.000	1 600.000	7.680
E05	2.000	1 700.000	4.080
E06	2.000	2 500.000	6.000

（续）

企业编号	增加员工数（个）	月人均工资（元）	年总工资支出（万元）
E07	0.000	0.000	0.000
E08	3.000	2 000.000	7.200
E09	2.000	1 500.000	3.600
E10	3.000	2 500.000	9.000
E11	3.000	1 500.000	5.400
E12	0.000	0.000	0.000
E13	6.000	2 000.000	14.400
E14	0.000	0.000	0.000
E15	7.000	2 000.000	16.800
E16	4.000	2 000.000	9.600
E17	0.000	0.000	0.000
E18	3.000	1 300.000	4.680
E19	2.000	1 600.000	3.840
E20	2.000	1 500.000	3.600
E21	2.000	1 200.000	2.880
E22	2.000	1 300.000	3.120
E23	1.000	2 000.000	2.400
E24	2.000	1 800.000	4.320
E25	4.000	3 000.000	14.400
E26	0.000	0.000	0.000
E27	2.000	2 200.000	5.280
E28	2.000	3 000.000	7.200
E29	0.000	0.000	0.000
E30	3.000	1 800.000	6.480
均值	2.312	1 516.667	5.316
总数	69.000	45 500.000	159.480

农贸市场增加的管理环节包括利用溯源手持机检查进入市场的猪肉是否绑定溯源芯片以及芯片是否有效、确认溯源信息并上传、过期芯片销毁处理，处理异常情况等。如表 5-3 所示，12 家大型标准化农贸市场雇佣了专人来负责相关工作，平均增加 1 至 2 个人，人均工资为 2 035 元，利用市场的月工资支出计算出这些市场增加的年工资总支出为 50.688 万元。根据实地调研显示，其他中小型市场由已有管理人员负责，一般情况下，两个管理人员平均每天每人增加的工作时间为 1.459 小时（表 5-4），所有小型市场增加的工作时间折算成工资，利用表中的数据计算，得到每年的总额为 116.505 万元[①]。

表 5-3 大型标准化农贸市场增加的员工数和月工资支出

企业编号	新雇佣人数（个）	月人均工资（元）	月工资支出（元）
M01	6.000	1 900.000	11 400.000
M02	1.000	1 300.000	1 300.000
M03	1.000	3 000.000	3 000.000
M04	1.000	1 600.000	1 600.000
M05	1.000	2 000.000	2 000.000
M06	2.000	2 000.000	4 000.000
M07	1.000	2 000.000	2 000.000
M08	1.000	1 800.000	1 800.000
M09	2.000	2 220.000	4 440.000

① 计算的具体公式为：折算成的总工资支出＝人均小时工资×（增加的平均工作时间×2×365×151），式中人均小时工资用表 5-4 中所有企业“月人均工资”按每月 30 天、每天 8 小时工作制计算得来，151 为截止 2012 年 7 月份，中心城区除了 12 家大型农贸市场以外的已经加入食品可追溯体系的农贸市场数目。

（续）

企业编号	新雇佣人数（个）	月人均工资（元）	月工资支出（元）
M10	2.000	2 000.000	4 000.000
M11	2.000	2 100.000	4 200.000
M12	1.000	2 500.000	2 500.000
均值	1.750	2 035.000	3 520.000
总数	21.000	24 420.000	42 240.000

注：表中缺省值用均值替代。

表 5-4　小型农贸市场增加的员工工作时间

编号	月人均工资（元/月）	增加的工作时间（小时/天）
M13	2 000.000	3.000
M14	1 500.000	3.000
M15	1 700.000	1.000
M16	1 500.000	3.000
M17	1 657.895	3.000
M18	1 200.000	2.000
M19	2 000.000	3.000
M20	1 657.895	0.500
M21	1 657.895	2.500
M22	2 000.000	0.500
M23	2 000.000	0.500
M24	1 800.000	4.000
M25	2 100.000	2.000
M26	2 000.000	0.500
M27	1 657.895	1.000

（续）

编号	月人均工资（元/月）	增加的工作时间（小时/天）
M28	1 200.000	0.500
M29	2 500.000	0.500
M30	1 657.895	1.000
M31	2 000.000	0.500
M32	1 500.000	0.500
M33	1 400.000	1.000
M34	1 600.000	0.770
M35	1 500.000	0.000
M36	1 657.895	0.750
均值	1 726.974	1.459

注：表中缺省值用均值替代；列 3 中的数据具体指两个管理人员每天每人增加的平均工作时间，按小时计算。

③政府和其他前期固定投入。作为主要的推动者，建立食品可追溯体系的前期固定投入主要由政府负担。如表 5－5 所示，成都市猪肉食品可追溯体系的政府前期固定投入主要包括：项目规划、宣传推广费用，信息平台的研发、运行管理和维护费用，农贸市场溯源平台改造、溯源一体机、溯源手持机以及溯源电子秤的采购补贴费用，总投入达 1 969.77 万元。其他前期固定投入主要包括，大型批发市场电子交易系统建立费用，生猪屠宰加工企业、猪肉深加工企业、餐饮企业、农贸市场、猪肉零售摊主、猪肉专卖店溯源身份识别卡的采购费用，计算机等设备的采购费用等，由各个主体自己负担，总投入为 618.673 万元（表 5－6）。

表 5-5　成都市猪肉食品可追溯体系政府前期固定投入

投入项目总量	投入数量	单价	总金额（万元）
72① 家定点屠宰厂溯源一体机	台／厂	20 000 元／台	144
222② 家农贸市场溯源平台设备	1 套／市场	5 000 元／个	111
222 家农贸市场溯源手持机	2 台／市场	3 700 元／台	164.28
4 724 台农贸市场摊点配溯源秤（含备用）	1 台／摊点	2 000 元／台	944.8
437 家门店配 GPS 溯源秤	1 台／店	3 700 元／台	161.69
20 区县工商部门配备手持机	10 个/区	3 700 元／个	74
信息平台研发，运行、维护			100
20 个区县和 7 个部门宣传、推广等费用	10 万元／区（部门）		270
合计			1969.77

资料来源：费亚利. 政府强制性猪肉质量安全可追溯体系研究 [D]. 成都：四川农业大学，2012.

表 5-6　成都市猪肉食品可追溯体系其他前期固定投入

投入项目总量	投入数量	单价	总金额（万元）
72 家定点屠宰厂的溯源身份卡	1 卡／厂	6 元／卡	0.043
白家批发市场电子交易系统	一套滑轨系统		500
222 家农贸市场平台电脑	1 台／市场	5 000 元／台	111

① 从笔者走访调查掌握的情况来看，不少小型规模的企业在政府商务部门等部门的推动下与其他大中型企业进行了合并，或者处于规范整顿状态，正常营业的企业在 50 家左右。

② 以许多沿街设市的小型市场居多，不少市场已经关闭，成都市工商局提供的资料显示，到 2012 年 7 月份，参与成都市猪肉食品可追溯体系的市场有 163 家。

（续）

投入项目总量	投入数量	单价	总金额（万元）
4 000 个农贸市场摊点溯源身份卡	1 卡 / 摊点	6 元 / 卡	2.4
437 家门店溯源身份卡	1 卡 / 店	6 元 / 卡	0.262
70 家猪肉加工企业的溯源身份卡	1 卡 / 企	6 元 / 卡	0.042
8 210 家餐饮企业的溯源身份卡	1 卡/家	6 元 / 卡	4.926
合计			618.673

资料来源：费亚利. 政府强制性猪肉质量安全可追溯体系研究［D］. 成都：四川农业大学，2012.

④其他成本。据成都市猪肉食品可追溯体系项目主管部门透露和对企业等参与主体的调研知道，其他成本主要包括：政府投入的用于对整个体系的后续培训、宣传，以及运行维护费用 200 万/年，企业、农贸市场等的溯源一体机、溯源手持机的信息服务费 5 元/月，零售摊主等溯源称打印纸 2/卷/月，利用调研开展日期即 2012 年 7 月份的数据计算，相应的年总成本为 1.669 万元[①]。此外，增加的其他成本如电费、处于调查范围外的小规模生猪屠宰加工企业原有工作人员负责猪肉追溯工作所增加的工作时间等，由于不易测算、所占比重也较小，本书未对其进行核算。

(2) 分摊到每头生猪上的成本

前面已分别核算出各类成本的总额，将总固定投入按 3 年期折旧[②]，以 2011 年 7 月份到 2012 年 6 月份追溯的屠宰生猪数作为年追溯生猪头数的估计量，接下来计算分摊到每头生猪

① 计算公式为：16692＝(50＋163)×5×12＋163×2×12。

② 猪肉食品可追溯体系中的设备主要以电子设备为主，《中华人民共和国企业所得税法实施条例》第 60 条规定：电子设备的最低折旧年限为 3 年。

上的成本，结果显示：将政府前期投入和每年投入算在内，成都市猪肉食品可追溯体系每年产生的总成本为 2 237.029 万元，平均每头生猪的追溯成本为 4.231 元[①]；剔除政府的投入，各猪肉经营者平均为每头生猪支出的追溯成本为 2.125 元。

5.3.4 实施成效与存在的问题

5.3.4.1 实施成效

食品可追溯体系的引入和建立，在成都市猪肉安全监管中取得了良好的效果，可概括为以下三个方面：

（1）监管部门的猪肉安全监管效率提升

首先，监管方式发生“五个转变”，由局部监管变为全覆盖监管、由部门监管变为社会参与、由单向监管变为双向监管、由人力监管变为技术监管、由粗放式监管变为精细化监管；其次，通过食品可追溯体系整合已有的监管资源，监管信息共享，形成基于分部门、分段监管的联合监管，使得监管投入成本过高、监管信息流通不畅、监管体制与机制不到位、监测与预警机制失灵等问题得到改善。

（2）生猪屠宰和猪肉流通市场秩序得到规范，食品可追溯体系抑制猪肉经营主体机会主义行为的作用初现

私屠滥宰现象得到有效遏制，定点屠宰企业的行为得到规范，根据成都市食品安全委员会办公室提供的统计数据，2009 年私屠滥宰的举报量同比减少 35%左右，定点屠宰企业的屠

① 成都市猪肉食品可追溯体系仅追溯到生猪屠宰环节，加上动物标识和疫病可追溯体系所产生的成本，以及监管成本，每头生猪的追溯成本远远高于本书计算出的价格。

宰量同比增长35%左右。流通市场秩序逐步规范，规范化、标准化的大型批发市场规模扩大，成都农产品批发中心白条猪肉日交易量从不足百头增长至千余头。

(3) 提供监管信息服务

宏观信息服务方面，监管部门利用食品可追溯体系信息平台中的溯源信息，实现对猪肉供给和消费数量、价格、检测信息动态、实时跟踪，对日、月度、季度和年度数据进行分析统计，为对猪肉市场中猪肉数量和质量的宏观管理和决策提供了依据。消费者猪肉溯源信息服务方面，商务部将成都列为全国"放心肉"体系建设试点城市，消费者对成都市食品安全整体满意度提高，2009年，经成都城市调查队发放公众问卷调查统计表明，消费者对成都市食品安全整体满意度较前一年提升了1.57个百分点。

5.3.4.2 存在的问题

通过实地走访调研发现，成都市在运用食品可追溯体系加强猪肉安全监管的过程中也存在许多问题，可以概括为以下四个方面：①体系的建立和运行过程中，对分部门、分段监管机构的统筹协调存在难度；缺乏全国统一的法律法规体系的支撑，具体的猪肉溯源法律法规由各地区、各部门制定，具体执行过程中，执法依据不充分，营造外部监管环境等受阻；溯源技术标准体系不完善，可追溯管理难度大。②体系的可用性问题突出。根据调研了解到的情况，体系中使用的FRID和互联网技术容易受环境干扰，追溯信息上传速度慢、信息容易丢失，溯源电子秤容易损坏、计量精度差、维修成本高，极大影响到整个体系的正常运行。③体系的运行维护成本高，屠宰企业等不愿意承担溯源芯片、增加人力带来的成本，各环节主体不愿意承担体系可用性差带来的较多精力、时间投入的使用成本。④消费者索要溯源小票、使用溯源小票查询信息的积极性较低。⑤体系的长效建立和运行机制尚未建立起来。

5.4 本章小结

通过对食品可追溯体系建立的问题分析，得到如下简要结论：

强制性食品可追溯体系一般由建立技术、可追溯制度与政府管理体系三部分组成；追溯的内容包括产品追溯和责任人追溯，应以责任人追溯为主；宽度、深度与精确度三个结构参数和数据的真实性、完整性，以及可用性等信息技术参数是建立食品可追溯体系需要考虑的参数；食品可追溯体系具有链式模式和集中发散模式两种建立模式，其建立需要遵循实用性、经济性和可用性三个原则，并分步骤实施。

成本的内外部因素通过影响食品可追溯体系的宽度、深度与精确度，影响食品可追溯体系的成本，内部因素包括食品可追溯体系的自身特性和食品可追溯体系的建立技术，外部因素包括食品安全风险、供应链、消费者政府监管部门以及第三方机构的溯源信息要求和追溯的规模。按成本的性态和成本产生的具体环节是核算食品可追溯体系成本的主要方法，前者更具操作性，按成本的性态可分为固定成本和可变成本，按环节可分为信息标识、采集、存储、传递、查询和其他成本。将政府投入包括在内，成都市猪肉食品可追溯体系每年产生的总成本为 2 237.029 万元，平均每头生猪的追溯成本为 4.231 元；剔除政府投入平均每头生猪的追溯成本为 2.125 元。

食品可追溯体系的引入和建立，在成都市猪肉安全监管中取得了良好的效果：①监管部门的猪肉安全监管效率提升；②生猪屠宰和猪肉流通市场秩序得到规范，食品可追溯体系抑制猪肉经营主体机会主义行为的作用初现；③提供监管信息服务，提升了民众的满意度。

食品可追溯体系的效益构成复杂，测量较为困难，能给各利益相关主体带来不同的效益，主要包括食品经营者获得的效益、政府监管部门获得的效益和给消费者带来的效益。

6 强制性食品可追溯体系对猪肉消费者行为的影响分析

强制性食品可追溯体系对猪肉消费者行为的影响表现在两个方面，一个是消费者对安全优质食品的态度，在本书中具体指对可追溯猪肉的接受程度，用消费者对可追溯猪肉的 WTP 测度；另一个是消费者追溯猪肉质量安全信息的行为是否发生，用消费者购买猪肉过程中是否索要溯源票和用信息终端查询信息测度。此部分的分析从侧面反映强制性食品可追溯体系的实施效果。

6.1 消费者对可追溯猪肉的支付意愿及影响因素

6.1.1 基于效用理论的消费者对可追溯猪肉的 WTP

效用理论又叫期望效用理论，由贝尔努里于 1738 年最先提出，后经 Von Neumann 和 Morgenstern 于 1944 年在他们的名著《博弈论与经济行为》中完成完整的理论体系。其最大的特点是，预先规定一组代表性的“合理行为”假设，只要决策者同意这组假设，就可以逻辑性地推导出他关于概率分布的效用。效用理论是研究在风险和不确定条件下进行合理决策问题的理论基础，已被广泛应用于保险经济学、信息经济学、决策分析等学科（谢志刚，1997）[117]。

根据 Ravenswaay（1996）[118]设计的食品安全分析理论模

型，受自然和食品经营者的机会主义行为等因素的影响，食品市场中的安全风险总是以一定水平存在，当食品可追溯体系能有效降低消费者承受的食品安全风险时，消费者对隐藏较高风险的普通食品的需求就越低，对可追溯猪肉的需求就越高，同时愿意为其额外支付更高的费用。消费者对可追溯猪肉的WTP可以被看成是对食品可追溯体系降低的食品安全风险进行“定价”，本书选择效用理论对这一过程展开分析。

根据效用理论，为建立食品安全风险与消费者的WTP之间的联系，对风险进行“定价”，需要遵循以下几个步骤：①对这里的风险概念进行明确的界定和表达；②建立一个用于衡量WTP与风险之间的损失分布的（价格）尺度；③确定这种价格尺度并保证它的合理性。具体分析过程如下：

首先将风险表达为一个金额值（随机变量）的概率分布，也就是通常意义上的“损失”，然后分别建立消费者与企业的价值结构（假定市场中企业为主要的食品经营者和食品可追溯体系的参与者）。

①消费者的价值结构。假定消费者购买的食品的价值为 w，但食品面临着安全风险带来的潜在损失，这一风险被表示为随机变量 X，满足 $0 \leqslant X \leqslant w$，其概率分布记为 $[X]$。此时消费者额外多支付费用 H 来获取可追溯猪肉。根据理性经济人的假设，消费者希望 H 越少越好，所愿意付出的最高价格为当“购买普通食品的效用”等于“购买可追溯猪肉的效用”时的值。若购买可追溯猪肉，则无论食品安全问题是否发生，消费者仅损失额外支付的费用 H，仍确定地拥有 $w-H$，因为当购买的食品有问题时消费者可以通过食品可追溯体系追溯到相关责任人而获得赔偿，相应的消费者的主观价值即“效用”为 $v(w-H)$；若购买普通食品，消费者购买的食品的价值实

际上为随机变量 $w-X$，记其概率分布为 $[w-X]$，设它相对于消费者的“效用”用大写字母 V 表示，记为 $V([w-X])$。因此，对消费者来说，额外支付的费用 H 应满足：

$$v(w-H) \geqslant V([w-X]) \tag{6.1}$$

H 越大，$w-H$ 越小，购买可追溯猪肉的效用 $v(w-H)$ 也就越小，当 H 大到使等式成立时，不管购买哪种食品都无所谓了，消费者愿意额外支付的最高费用 H 是使（6.1）式等式成立时的解。

②企业的价值结构。如果参与食品可追溯体系，企业则可以在原来可以获得价值 s 基础上增加一笔额外收入 P，但参与食品可追溯体系的同时需要支付额外成本 C，其总价值为 $s+P-C$，企业应该额外获取多少费用以参与食品可追溯体系呢。类似的，企业希望 P 越高越好。设他们关于确定量和关于随机变量分布的效用分别记为 u 和 U，则使企业参与到食品可追溯体系时的 P 应该满足以下效用不等式：

$$U([s+P-C]) \geqslant u(s) \tag{6.2}$$

先假设参与食品可追溯体系的成本 C 是固定的。P 越小，获得的总效用 $U([s+P-C])$ 也就越小，当 P 小到使等式成立时，企业参不参与食品可追溯体系亦无所谓，所以使企业参与食品可追溯体系的最低额外收入 P 是使得（6.2）式成立时的临界值。

从上述分析可知，企业额外收入 P 随着消费者的 $WTP-H$ 而确定，所以只要能够先确定消费者与企业关于收入的效用函数、随机变量（风险损失）X 的概率分布以及企业参与食品可追溯体系的额外成本 C，就可以依据效用理论中“随机变量分布的期望效用值可以转化为随机变量所取值的效用的平均值”这一原理计算消费者和企业各自的期望效用值和解方程（6.1）

和（6.2）来确定消费者对可追溯猪肉的 WTP。其成立的实际条件为消费者愿意为可追溯猪肉额外支付的最高费用 H 大于企业愿意接受的最低额外收入 P，实际取值介于 P 和 H 之间。此时，食品可追溯体系不但能够实现自身的市场价值，也能够最大限度地发挥作用，激励企业向消费者供给安全食品。

6.1.2 消费者对可追溯猪肉的 WTP 的实证分析

6.1.2.1 研究设计、数据收集与样本特征

（1）研究设计

在现实当中，消费者与企业关于收入的效用函数、随机变量（风险损失）X 的概率分布是难以确定的。所以要通过解方程（6.5）和（6.6）来确定消费者对可追溯猪肉的 WTP 并不可行。为了解决这个问题，本书采用调查问卷的方式直接询问消费者对可追溯猪肉的 WTP，这是在已有的研究中被广泛使用的方法（王锋，2009；吴林海，2010）。这种方式成功的关键在于设计一个合理的测度 WTP 的量表，量表的尺度有科学的依据，以最真实的反映消费者对可追溯猪肉的 WTP。具体操作过程中，以每头生猪（以每头生猪 125 千克计）的追溯成本 4 元[①]作为基准，设计包含“1～7 元及以上”共 7 个刻度的量表，按由高到低的次序排列，作为测度消费者对可追溯猪肉的 WTP 的量表。

（2）数据收集

详见第一章 1.6.2 数据来源。有效问卷样本分布情况如表 6－1 所示。

---

① 考虑到可操作性，将 4.2314 四舍五入后的值作为基准。

表 6－1　样本分布情况

农贸市场名称	所在区域	样本数	比例（%）
和平农贸市场	高新区	65	16.46
八里庄农贸市场	成华区	68	17.22
天涯石农贸市场	锦江区	67	16.96
汪家拐市场	青羊区	70	17.72
龙湾集贸市场	武侯区	62	15.70
新绿菜市场	金牛区	60	15.19

（3）样本特征

从表 6－2 中的统计结果可以看出，被调查者呈现出以下基本统计特征：

性别：被调查者女性比例高于男性，女性占了被调查消费者的 59%，而男性仅占到 41%，这与我国女性是家庭食品主要购买者的特点有关。年龄结构：30 岁及以下的青年消费者占被调查者总数的 48.9%，31～50 岁的中年消费者占被调查者（建议都改为被访者）总数的 41%，整体来看，被调查者以中青年消费者为主。婚姻：在被调查者当中，已婚和未婚的各占一半，已婚的占 55.9%，未婚的占 44.1%。家庭结构：被调查者的家庭结构以 3 口和 4 口之家为主，所占比例分别为 44.1%、30.9%。家庭人均月收入：从统计结果来看，被调查者的家庭人均月收入集中在 1 001～3 000 元，比例为 59.2%，而 3 000 元以上的比例最高，为 34.9%。文化程度：被调查者以高中或中专、研究生及以上和专科文化程度为主，分别占到总人数的 25.8%、30.9%、26.3%，而初中及以下文化程度只占到 10.6%。职业：被调查者大部分为企业职工和自由职业者，分别占总人数的 31.9%、23.8%，主要是企业职工和自由职业者相对于公务员和事业单位的人来说时间相对要自由一些，在本次调查的时间段里出现在超市、农贸市场等的几率就相对要大一些。

表 6-2 被调查者的基本统计特征

	性别		年龄				
	男	女	30 岁以下	31～40 岁	41～50 岁	51～60 岁	60 岁以上
人数	162	233	193	98	61	26	17
比例（%）	41	59	48.9	24.8	15.4	6.6	4.3

	婚姻状况		学历				
	已婚	未婚	研究生及以上	大学本科	大专	高中或中专	初中及以下
人数	221	174	122	25	104	102	42
比例（%）	55.9	44.1	30.9	6.3	26.3	25.8	10.6

	家庭人口数						
	1 人	2 人	3 人	4 人	5 人	6 人	7 人及以上
人数	7	32	174	122	44	15	1
比例（%）	1.8	8.1	44.1	30.9	11.1	3.8	0.3

	职业						
	公务员	企业职工	事业单位职员	自由职业者	离退休人员	学生	其他
人数	10	126	58	94	28	53	26
比例（%）	2.5	31.9	14.7	23.8	7.1	13.4	6.6

	家庭人均收入			
	1 000 元以下	1 001～2 000 元	2 001～3 000 元	3 000 元以上
人数	23	109	125	138
比例（%）	5.8	27.6	31.6	34.9

6.1.2.2 消费者对猪肉安全风险及食品可追溯体系的认知

(1) 消费者对猪肉安全风险的认知

调查结果显示，65.8%的消费者认为猪肉市场中的安全风险较高；同时72.4%的消费者认为自己不能很好地判断猪肉的质量安全；“病死猪肉”、“注水猪肉”与“添加瘦肉精等违禁品等”是猪肉市场最主要的安全风险，被选择的比率分别为87.85%、85.32%与79.24%；82.53%的消费者认为导致上述风险的原因为“猪肉商贩、屠宰场、零售摊主等片面追求利润”，其次74.94%的消费者认为是由于“政府监管不到位，惩罚不严”。

(2) 消费者对食品可追溯体系的了解程度及了解的渠道

根据表6-3，消费者对食品可追溯体系的了解程度相当低，仅听说过的占58.5%，没听说过的比例高达11.9%。同时调查结果显示，“网络”、“报纸”和“电视或收音机”为消费者了解食品可追溯体系的主要渠道，被选择的比率分别为44.81%、40.25%和32.91%，这与互联网等媒体的普及以及政府选择的宣传工具与方式有关。

表6-3 消费者对食品可追溯体系的了解程度

	消费者对食品可追溯体系的了解程度			
	全部了解	了解一些	听说过，但不了解	没听说过
比例（%）	1.5	28.1	58.5	11.9

(3) 消费者对食品可追溯体系保障整个猪肉市场安全作用的认知

调查结果显示，消费者对食品可追溯体系保障整个猪肉市场安全作用的评价不高，仅有55.9%的消费者认为建立食品可追溯体系后整个猪肉市场的安全得到保障，而44.1%的消费者认为没能得到保障。这可能是由于消费者对食品可追溯体系认知程度太低，也可能是由于技术等方面的原因，高达86.3%的人认为目前食品可追溯体系中使用的FRID等技术存在漏洞。

(4) 消费者对食品可追溯体系给自身带来的好处的认知

从表6-4可知，从总体上看，消费者对食品可追溯体系给自身带来好处持正面评价，但程度并不高；其中，“降低购买猪肉前的信息搜寻成本”的平均值为2.142，持正面看法的被调查者占66%，表明消费者认为建立食品可追溯体系给自己带来的最大好处是降低购买猪肉前的信息搜寻成本；同时调查数据也表明，消费者认为难以通过食品可追溯体系“方便追溯问题产品及相关责任人”以“降低消费者承受的猪肉事故成本”，两者的平均值分别达2.428与2.489。

表6-4 消费者对食品可追溯体系带来的好处的认知

变量	消费者对食品可追溯体系带来的好处的认知					平均值	标准差	排序
	很大=1	较大=2	一般=3	较小=4	很小=5			
降低购买猪肉前的信息搜寻成本	30.1%	35.9%	27.3%	2.8%	3.8%	2.142 0	1.005 0	4
方便追溯问题产品及相关责任人	26.6%	25.8%	32.7%	8.4%	6.3%	2.428 0	1.165 0	2
降低消费者承受的猪肉安全风险	24.1%	27.3%	36.5%	7.1%	5.1%	2.418 0	1.083 0	3
降低消费者承受的猪肉事故成本	23.0%	27.1%	34.4%	8.9%	6.6%	2.489 0	1.134 0	1

6.1.2.3 消费者对可追溯猪肉的 WTP 及影响因素分析

(1) 消费者是否具有对可追溯猪肉的 WTP 及影响因素分析

调查结果显示，60.3%的消费者具有对可追溯猪肉的 WTP，比例不高。根据第二部分的理论分析，消费者是否愿意为可追溯猪肉额外支付费用取决于食品可追溯体系能否有效降低消费者承受的猪肉安全风险以及风险本身的大小，具有不同个体特征的消费者对猪肉安全风险具有不同的偏好，对猪肉安全风险的感知和对食品可追溯体系降低猪肉安全风险功能的认识则能使消费者的偏好更加明确。结合已有的研究成果，确定个体特征、对猪肉安全风险的感知以及对食品可追溯体系的认知三类共 11 个变量为解释消费者是否具有对可追溯猪肉的 WTP 的变量，各变量的赋值与统计情况见表 6－5。

表 6－5 各变量的赋值与统计情况

变量名称	赋值情况	均值（$N=395$）	均值（$N=238$）
1. 个人特征类变量			
性别（X_1）	0＝男，1＝女	0.589 9	0.579 8
婚姻状况（X_2）	0＝已婚，1＝未婚	0.440 5	0.416 0
年龄（X_3）	连续变量	34.615 2	34.487 4
受教育年限（X_4）	连续变量	13.002 5	13.231 1
家庭人均收入（X_5）	连续变量	2 043.038 0	2 004.201 7
2. 对猪肉安全风险的感知类变量			
是否认为猪肉风险较高（X_6）	0＝否，1＝是	0.663 3	0.689 1
购买到问题猪肉的次数（X_7）	1＝从来没有买到过，2＝几次，3＝多次，4＝不知道买的猪肉是否有问题	2.483 5	2.504 2

（续）

变量名称	赋值情况	均值（N=395）	均值（N=238）
3. 对食品可追溯体系的认知类变量			
对食品可追溯体系的了解程度（X_8）	1=全部了解，2=部分了解，3=听说过但不了解，4=没听说过	2.807 6	2.743 7
对食品可追溯体系带来的好处的认知（X_9）	因子综合得分值①	2.768 5	2.587 5
对食品可追溯体系的可用性的认知（X_{10}）	因子综合得分值	3.598 8	3.549 2
对规制环境完善程度的认知（X_{11}）	因子综合得分值	4.639 5	4.590 8

① 为保证调查问卷的信度和效度，参考 Hobbs（2004）等人的研究成果，对食品可追溯体系带来的好处的认知的测量指标包括“方便责任追究、降低猪肉购买信息搜寻成本、降低猪肉质量安全风险与事故承受成本”；根据实地调研了解到的情况，围绕消费者对猪肉溯源票中的信息的真实性、信息查询与理解的难度、如何追究责任以及是否能顺利获得赔偿等比较常见和最为关心的问题选取对规制环境的完善程度与食品可追溯体系的可用性的认知的测量指标，分别包括“食品安全法律法规完善程度、监管机构设置合理程度与事故索赔成本的高低”和“溯源信息的真实性、成功溯源的可能性”。这些指标均用 5 级李克特量表进行测量，按 1～5 分进行反方向赋值。首先通过验证性因子分析（EFA）和计算各因子的信度对各测量指标的效度和信度进行检验。计算后的 KMO 值为 0.795，Bartlett 球形检验值中近似 χ^2 值为 1892.901，df 为 45，显著性水平为 0.000，因子分析结果可信。对 10 个指标进行主成分抽取和斜交旋转，累计方差解释量达 73.950%，以初始特征值大于 1 为标准提取 3 个因子。根据计算结果，各测量指标上的载荷均在 0.745 之上，因子之间具有较好的区分度，各因子的 Cronbach's α 值分别为 0.903、0.804 与 0.779，说明其效度和信度都较高。接下来通过验证性因子分析（CFA）降低测量指标的维度，并计算各指标的权重，然后计算三个潜在变量的综合得分并作为其测量值。

由于被解释变量为二分定性变量，包括消费者具有或者不具有对可追溯猪肉的 WTP 两种情况，建立 Logit$P$ 模型来反映解释变量与被解释变量之间的关系：

$$\text{Logit}P_i = \alpha_i + \sum_{m=11} \beta_{im} X_{im} + e_i \tag{6.3}$$

（6.3）式中的 LogitP_i 表示消费者具有对可追溯猪肉的 WTP 的发生比的对数，模型中的解释变量及统计数据由表 6 - 5 给出。

运用软件 SPSS17.0 对数据进行 Logistic 回归处理，采用“向后：条件”的方式，将所有解释变量代入模型，然后以步进概率为 0.05、删除概率为 0.10 为条件依次删除不显著的变量，经过 4 次迭代得到所有解释变量都显著的模型。模型的 —2对数似然值为 515.675，Cox&Shell R^2 和 Nagelkerke R^2 分别为 0.038 和 0.051。具体参数估计结果见表 6 - 6。

表 6 - 6　模型参数估计结果

解释变量	系数（B）	S. E	Wald 值	Exp（B）
对食品可追溯体系的了解程度（X_8）	0.351 4**	0.164 0	4.592 0	1.420 4
对食品可追溯体系带来的好处的认知（X_9）	0.291 1***	0.097 2	9.107 3	1.338 0
常量	—2.213 0	0.535 2	17.136 0	0.109 1

注：*、**、*** 分别表示在 10%、5%、1%的水平下显著。

（2）消费者对可追溯猪肉的 WTP 及影响因素分析

根据表 6 - 7，60.3%（N＝238）的消费者愿意为每头可追溯生猪平均额外支付 3.921 元；其中，48.7%的消费者愿意为每头可追溯猪肉额外支付 4 元以上的费用，42.8%的消费者愿意为每头可追溯猪肉额外支付的费用在 4 元以下，愿意额外支付1元的所占比例最大。当将所有被调查者考虑在内时，消费者愿意为每头可追溯生猪平均额外支付2.522元。由此可见，消费者对可追溯猪肉的WTP较低，尚不足以弥补食品可追溯体系的建立和运行成本，食品可追溯体系的市场价值尚待发现。

表6-7 消费者对可追溯猪肉的WTP

愿意支付的额度（N=238；60.3%）							平均值	标准差
7元及以上	6元	5元	4元	3元	2元	1元		
14.7%	13.0%	21.0%	8.4%	8.8%	12.2%	21.8%	3.921 1	2.147 4

以消费者愿意为可追溯猪肉额外支付的费用为被解释变量，表6-5中的变量为解释变量，建立多元线性回归模型：

$$WPT_j = \alpha_j + \sum_{n=11} \beta_{jn} X_{jn} + e_j \tag{6.4}$$

（6.4）式中，WPT_j 为第 j 个消费者愿意为可追溯猪肉额外支付的费用。剔除对可追溯猪肉不具有WTP的消费者的数据，仍然采用“向后：条件”的方式对数据进行回归处理，将所有解释变量代入模型，然后以步进概率为0.05、删除概率为0.10为条件依次删除不显著的变量，至第9步得到所有解释变量都显著的模型。模型的 R^2 为0.055调整后的 R^2 为0.043，F值为4.519。具体参数估计结果见表6-8。

表6-8 模型参数估计结果

解释变量	非标准化系数		标准系数	T值
	B	标准误差		
（常量）	0.532 4	1.039 1		0.512 1
对食品可追溯体系的了解程度（X_8）	0.397 0	0.212 0	0.120 0*	1.873 2

（续）

解释变量	非标准化系数		标准系数	T 值
	B	标准误差		
对食品可追溯体系带来的好处的认知（X_9）	0.384 3	0.166 2	0.148 4**	2.314 0
对规制环境完善程度的认知（X_{11}）	0.268 4	0.123 3	0.138 2**	2.171 0

注：*、**、*** 分别表示在 10%、5%、1%的水平下显著。

（3）结果讨论

（1）研究结果表明，仅有 60.3%的消费者愿意为 125 千克猪肉平均多支付 3.921 元，低于每头生猪的追溯成本 4.231 元，表明消费者对可追溯猪肉的 WTP 的比率不高，愿意额外支付的费用较低，这与国内已有研究的结论基本一致。国外研究则一致显示与认证的产品等相比较，消费者对可追溯食品的 WTP 最低，与本书的结论类似。

（2）根据表 6－6 和表 6－8 中的模型参数估计结果，变量对食品可追溯体系的了解程度（X_8）分别在 5%和 10%的显著水平下通过检验，表明对食品可追溯体系的了解程度对消费者是否具有对可追溯猪肉的 WTP 以及 WTP 有显著影响，这与王锋（2009）、吴林海（2010）和赵荣（2010）等的研究结论基本一致。

（3）根据表 6－6 和表 6－8 中的模型参数估计结果，变量对食品可追溯体系带来的好处的认知（X_9）分别在 1%和 5%的显著水平下通过检验，表明对食品可追溯体系带来的好处的认知对消费者是否具有对可追溯猪肉的 WTP 以及 WTP 有显著影响，这类似于 Dickinson（2002；2005）和 Hobbs（2003）等人采用拍卖试验得出的研究结论，本书给予了实证支持。

（4）根据表6-8中的模型参数估计结果，变量对规制环境完善程度的认知（X_{11}）在5%的显著水平下通过检验，表明对规制环境完善程度的认知对消费者对可追溯猪肉的WTP有显著影响。这是对国内外已有研究结论的一个重要补充，消费者对可追溯食品的WTP较低和愿意为加以认证的可追溯食品或者加贴强制性标签的食品支付更高的费用，原因在于消费者通过食品可追溯体系追溯到问题产品及责任人以后，要想顺利获得相应的赔偿就需要一个完善的规制环境，而尚处探索阶段的食品可追溯体系得到来自完善规制环境的支持还不够。

6.2 消费者对猪肉质量安全信息的追溯行为及影响因素

根据笔者于2012年8月份对成都市消费者展开的调查，猪肉零售摊主反映购买猪肉时索要溯源票的消费者的比例不足5%，索要溯源票的主要是餐饮店、学校与机关等食堂的大宗猪肉购买者；51%的消费者购买猪肉时从来不索要溯源票，查询信息的仅占30.4%。通过进一步询问得知，消费者普遍认为溯源票用处不大、购买猪肉时索要溯源票多此一举。为解释消费者的行为，首先建立消费者追溯猪肉质量安全信息的行为逻辑，并提出假设，最后结合调研数据进行实证分析。

6.2.1 消费者追溯猪肉质量安全信息的行为逻辑

已有的研究从两个方面给本书提供借鉴和启示，第一，消费者追溯食品信息是对食品可追溯体系给自身带来的好处的追求；第二，食品可追溯体系的可用性与规制环境的完善程度影响消费者追溯食品信息。结合食品可追溯体系的作用机制，构建消费者追溯猪肉信息的行为逻辑：根据消费者行为理论，在理性的经济人假设条件下，消费者以效用最大化为目标。为实现效用最大化，消费者通过追溯猪肉信息获得食品可追溯体系带来的好处或收益（我们将其称为食品可追溯体系的功能性效益，即食品可追溯体系的功能实现后带给消费者的价值，表现为消费者面临的食品安全风险降低），以获得正的效用；但追溯猪肉信息时会产生成本，这给消费者带来负的效用。此时消费者的效用是食品可追溯体系的功能性效益与追溯猪肉信息成本的函数，当前者大于后者，消费者获得正的效用时，才会追溯猪肉信息。

根据上述逻辑，影响食品可追溯体系的功能性效益以及追溯猪肉信息成本的因素必然影响消费者追溯猪肉信息的行为。笔者认为完整的追溯行为过程不仅包括追溯还包括索赔，当中产生的成本包括获取信息、查询信息、使用信息以及索取赔偿时花费的时间、精力、心理成本以及费用等，追溯阶段产生的成本主要受食品可追溯体系的可用性的影响，索赔阶段产生的成本主要受规制环境的完善程度的影响。据此分别建立以下函数关系：

$$Utility(benefit, cost) = f(benefit, cost) \tag{6.5}$$

假设成本是食品可追溯体系的可用性与规制环境的完善程度的函数，且 $\frac{\partial Cost}{\partial availability} < 0$，$\frac{\partial^2 Cost}{\partial availability} \geqslant 0$，$\frac{\partial Cost}{\partial regulation} < 0$，$\frac{\partial^2 Cost}{\partial regulation} \geqslant 0$，即成本是食品可追溯体系的可用性与规制环境的完善程度的减函数：

$$Cost(availability, regulation) = g(availability, regulation) \tag{6.6}$$

将（6.6）代入（6.5）式中，得到：

$$Utility(benefit, Cost) = f(benefit, (availability, regulation)) \tag{6.7}$$

根据式（6.7），提出：

1. 假说 H_{I}： 食品可追溯体系的功能性效益越大消费者越可能追溯猪肉信息。$\frac{\partial Utility}{\partial benefit}>0$，$\frac{\partial^2 Utility}{\partial benefit}\geqslant 0$，即效用是食品可追溯体系的功能性效益的增函数，食品可追溯体系的功能性效益越大，消费者的效用就越高，也就越可能追溯猪肉信息。

按照最初的定义，FTS 能显示和传递与食品安全相关的信息，降低食品市场中的信息不对称程度，旨在控制食源性疾病危害和保障消费者利益（CAC，2002）①。对猪肉消费者来说，既可以通过食品可追溯体系揭示的信息判断猪肉的安全程度以降低购买前的信息搜寻成本，发生猪肉安全问题时也可以根据这些信息去追溯问题的来源及相关责任人，并索取赔偿，以降低自身承受的猪肉安全风险与损失（Jill E. Hobbs，2004）[119]。

2. 假说 H_{II}： 食品可追溯体系的可用性越强消费者越可能追溯猪肉信息。

$$\frac{\partial value}{\partial \mathrm{cost}}\frac{\partial \mathrm{cost}}{\partial availability}>0, \frac{\partial value}{\partial \mathrm{cost}}\frac{\partial^2 \mathrm{cost}}{\partial availability}\leqslant 0$$

① 法国等欧盟国家在 2002 年的食品法典委员会（CAC）生物技术食品政府间特别工作组会议上提出，可追溯系统是一种信息记录系统，旨在加强食品安全信息传递，控制食源性疾病危害和保障消费者利益。

即成本是食品可追溯体系的可用性的减函数，效用是食品可追溯体系的可用性的增函数，食品可追溯体系的可用性越强，追溯猪肉信息的成本越低，消费者的效用就越高，也就越可能追溯猪肉信息。

食品可追溯体系较强的可用性体现在：①体系传递的信息的真实性能够得到保证，②成功追溯到问题猪肉及责任人的难度较低。在食品可追溯体系中，信息的真实性通过政府监管与技术措施来保障，一般而言，政府监管力度越高、制度设计越合理、所采用的技术越先进（如DNA测定技术等）信息的真实性越高，但相应的成本也越高，所以信息的真实性在实践中难以得到保证，在使用这些信息前消费者就必须自己去验证其真实性，而此时产生的成本消费者是难以承担的，因此消费者对信息的真实性十分敏感，比如周应恒（2008）的研究表明，消费者对可追溯牛肉标签携带信息的信任程度对购买行为有显著影响。

食品可追溯体系的构建是个系统工程，为满足市场主体对猪肉的可追溯要求，需要食品可追溯体系的结构合理，溯源流程流畅清晰，信息的精度、宽度与深度适当，所采用技术的复杂度保持适中，从而一方面保证信息的实时动态地传递、共享，降低消费者选取和有效获取信息的难度，另一方面防止信息过载造成消费者接收和理解困难。否则食品可追溯体系对消费者来说是难以使用的，成功追溯到问题猪肉及责任人的概率将大大降低，在追溯猪肉信息时需要付出更多的时间、精力，甚至更高的费用。

3. 假说 $H_{Ⅲ}$： 规制环境的完善程度越高消费者越可能追溯猪肉信息。

$$\frac{\partial\, value}{\partial \cos t}\frac{\partial \cos t}{\partial\, regulation}>0,\frac{\partial\, value}{\partial \cos t}\frac{\partial^{2} \cos t}{\partial\, regulation}\leqslant 0$$

即成本是规制环境完善程度的减函数，效用是规制环境完善程度的增函数，规制环境的完善程度越高，追溯信息的成本越低，消费者的效用就越高，也就越可能追溯猪肉信息。

胡庆龙（2009）[120]认为FTS是特定制度安排下的具体溯源形式，其成功建立与运行需要包括制度等在内的整个规制环境的支持（Golan，2004）[121]。目前，世界各国的通行做法是先在法律法规层面对食品的可追溯性做出强制要求，并配合相关技术标准体系对FTS的结构、溯源流程、溯源信息等做出规定，指导FTS建立和保障其正常运行。在食品可追溯体系中，这些强制性的规定不但为追溯猪肉信息提供了指南，同时在一定程度上保证了信息的真实性，使食品可追溯体系的可用性保持在合理的范围，从而降低了消费者追溯猪肉信息的成本。

猪肉安全问题发生时，食品可追溯体系的功能仅限于追溯到问题猪肉及相关责任人，而消费者通常最为关心的是在这之后能否获得赔偿，这时就需要完善的法律法规对事故责任做出界定、相应的执法部门对事故责任人的违法行为进行惩罚并保证其履行相应法律义务，为保障消费者权益，必要时还需要预设便利的维权通道。如果缺乏这样一个完善的规制环境，对消费者来说，或者是面临较高的诉讼成本（施晟、周德翼，2008）[122]，或者是不知道向哪个部门寻求帮助，加上较长索赔时间带来的务工损失和较高的精力、心理成本等，消费者不但会放弃索赔而且会放弃追溯猪肉信息，认为食品可追溯体系带来的好处不大，购买猪肉时索要溯源票、查询信息没有必要。

根据以上提出的假设，最后结合调研数据进行实证分析。

6.2.2 消费者追溯猪肉质量安全信息行为的实证分析

6.2.2.1 变量设计、数据收集与样本特征

(1) 变量设计

在本部分内容当中，食品可追溯体系的功能性效益、可用性与规制环境的完善程度三个变量的设计至关重要。为保证调查问卷的信度和效度，参考 T. Moe（1998）、Hobbs（2004）等人的研究成果设计食品可追溯体系的功能性效益的测量指标，具体包括“降低购买前的信息搜寻成本、方便追溯问题猪肉及责任人、降低承受的猪肉安全风险与事故成本”；根据实地调研了解到的情况，围绕消费者对猪肉溯源票中信息的真实性、查询与理解信息的难度、如何追究责任以及能否顺利获得赔偿等比较常见和最为关心的问题设计规制环境的完善程度与食品可追溯体系的可用性的测量指标，分别包括“食品安全法律法规完善程度、监管机构设置合理程度与事故索赔成本的高低”和“溯源信息的真实性、成功溯源的难易程度”。这些指标均用 5 级李克特量表进行测量，按 1～5 分进行反方向赋值。

另外，在探讨消费者的安全消费行为的内在规律时，对个体特征类变量以及认知类变量的考虑必不可少，比如王志刚（2003）[123]基于个体特征对消费者对食品安全的认知与消费行为的调查分析；周应恒等（2004）[124]基于对南京市的消费者调查数据对消费者对食品安全的态度、意愿及信息的影响的调查分析。借鉴已有的研究结果，选取性别、年龄、婚姻状态、学历与家庭人均收入等 5 个个体特征类变量，对食品可追溯体系的了解程度与购买到问题猪肉的次数等 2 个认知类

变量作为本书的控制变量，均采用最为常用的方式设计和测度。

消费者追溯猪肉信息由一系列连续的行动组成，在这当中选取购买猪肉时索要溯源票和购买猪肉后查询信息作为本书的因变量，这既是行为当中的关键节点也体现出行为的连续性，用来代表整个行为过程十分合理，二者均用行动发生的频率进行测度。根据选取的变量以及预计可能涉及的问题，最终确定与本研究相关的问题项 34 个。所有指标的具体表述由课题组成员根据实际的语境进行讨论后决定，并设计问卷初稿。最后在试调查后修改完善问卷，形成最终的问卷。

(2) 数据收集

成都市率先在五城区完成建立食品可追溯体系，为保证样本的代表性，采取分群随机抽样方法确定青羊区、金牛区、锦江区、武侯区与成华区为抽样区域，选择每个区建立食品可追溯体系的样板农贸市场作为固定调查点，在每个固定调查点随机调查 80～100 名消费者。考虑到农贸市场消费者的流动较为集中的特点，调查在上午 10:00—12:00 和下午 3:00—5:00 时段进行。为保证问卷的有效回收率，采用向消费者随机发放问卷并当场填写作为调查方式，消费者对问卷若有不明白的地方可以马上提问，调查员现场予以解答。2012 年 8 月 1—5 日，经过系统培训的调查员按组分赴各个调查点进行调查。共发放问卷 450 份，回收问卷 423 份，剔除关键信息遗漏和不全的问卷 28 份，共回收有效问卷 395 份，有效回收率达到 93.62%。

(3) 样本特征

被调查者的基本统计特征详见表 6 - 9。

表 6－9　被调查者的基本统计特征

	性别		年龄				
	男	女	30 岁以下	31～40 岁	41～50 岁	51～60 岁	60 岁以上
人数	162	233	193	98	61	26	17
比例（%）	41	59	48.9	24.8	15.4	6.6	4.3

	婚姻状况		学历				
	已婚	未婚	研究生及以上	大学本科	大专	高中或中专	初中及以下
人数	221	174	122	25	104	102	42
比例（%）	55.9	44.1	30.9	6.3	26.3	25.8	10.6

	家庭人口数						
	1 人	2 人	3 人	4 人	5 人	6 人	7 人及以上
人数	7	32	174	122	44	15	1
比例（%）	1.8	8.1	44.1	30.9	11.1	3.8	0.3

	职业						
	公务员	企业职工	事业单位职员	自由职业者	离退休人员	学生	其他
人数	10	126	58	94	28	53	26
比例（%）	2.5	31.9	14.7	23.8	7.1	13.4	6.6

	家庭人均收入			
	1 000 元以下	1 001～2 000 元	2 001～3 000 元	3 000 元以上
人数	23	109	125	138
比例（%）	5.8	27.6	31.6	34.9

6.2.2.2　变量赋值、数据分析及结果讨论

(1) 变量赋值

食品可追溯体系的功能性效益、可用性与规制环境的完善

程度均是潜在变量分别用多个指标进行测度，为了正确赋值，首先通过验证性因子分析（EFA）和计算各因子的信度对各变量的效度和信度进行检验。计算后的 KMO 值为 0.758，Bartlett 球形检验值中近似 χ^2 值为 1 578.462，df 为 36，显著性水平为 0.000，因子分析结果可信。对 9 个指标进行主成分抽取和斜交旋转，累计方差解释量达 75.537%，以初始特征值大于 1 为标准提取 3 个因子。各指标上的载荷较高，因子之间具有较好的区分度，各测量指标的 Cronbach's α 值较高，说明其效度和信度都较高；接下来通过验证性因子分析（CFA）降低测量指标的维度，并计算各指标的权重，然后计算三个潜在变量的综合得分值并作为其测量值（张文霖，2006）①，计算结果的描述性统计见表 6-10。

表 6-10 探索性因子分析结果与 Cronbach's α 值

测量指标	代号	因子载荷	因子	Cronbach's α
降低购买前的信息搜寻成本	BENE1	0.817	食品可追溯体系的功能性效益	0.890
方便追溯问题猪肉及责任人	BENE2	0.864		
降低承受的猪肉安全风险	BENE3	0.886		
降低承受的猪肉安全事故成本	BENE4	0.878		
溯源信息的真实性	AVLA1	0.916	食品可追溯体系的可用性	0.804
成功溯源的难易程度	AVLA2	0.867		
食品安全法律法规完善程度	REGU1	0.744	规制环境完善程度	0.779
监管机构设置合理程度	REGU2	0.874		
食品安全事故索赔成本的高低	REGU3	0.855		

所有研究变量的赋值及描述性统计结果见表 6-11。

① 张文霖．主成分分析在满意度权重确定中的应用［J］．市场研究，2006(6)：18-22.

表 6-11　各研究变量的赋值情况

变量名称	赋值情况	均值	标准差
1. 自变量			
食品可追溯体系的功能性效益 X_1	因子综合得分值	2.768 5	1.105 2
食品可追溯体系的可用性 X_2	因子综合得分值	3.598 8	0.813 4
规制环境的完善程度 X_3	因子综合得分值	4.639 5	0.833 6
2. 控制变量			
性别 X_4	0=男，1=女	0.589 9	0.492 5
婚姻状况 X_5	0=已婚，1=未婚	0.440 5	0.497 1
年龄 X_6	连续变量	34.615 2	11.502 5
学历 X_7	连续变量（消费者受教育年限）	13.002 5	4.623 4
家庭人均收入 X_8	连续变量	2 043.038 0	926.579 3
对食品可追溯体系的了解程度 X_9	1=全部了解，2=了解一些，3=听说过，但不了解，4=没听说过	2.807 6	0.651 8
购买到问题猪肉的次数 X_{10}	1=从来没有买到过，2=几次，3=多次，4=不知道买的猪肉是否有问题	2.483 5	1.322 1
3. 因变量			
消费者索要溯源票的频率 Y_{I}	1=每次都索要，2=经常索要，3=偶尔索要，4=从来不索要，5=从来不关注这些	3.456 9	0.980 4
消费者查询信息的频率 Y_{II}	1=每次都查询，2=经常查询，3=偶尔查询，4=从来不查询，5=从来不关注这些	3.805 1	0.770 6

(2) 数据分析

根据前面的设计，分别建立消费者索要溯源票和查询信息的验证模型。*Benefit*、*Availability* 与 *Regulation* 分别表示食品可追溯体系的功能性效益、可用性与规制环境的完善程度，X_i 代表第 i 个控制变量，α 与 ε 分别代表常数项和残差。

$$Y_{\mathrm{I}} = \alpha_m + \beta_{m1} Benefit_m + \beta_{m2} Availability_m + \beta_{m3} Regulation_m + \sum \beta_{mi} X_{mi} + \varepsilon_m \quad (6.8)$$

$$Y_{\mathrm{II}} = \alpha_n + \beta_{n1} Benefit_n + \beta_{n2} Availability_n + \beta_{n3} Regulation_n + \sum \beta_{ni} X_{ni} + \varepsilon_n \quad (6.9)$$

接下来将各研究变量分别代入检验模型（6.8）和（6.9），采用多元回归分析方法检验变量之间的关系，计算采用软件SPSS17.0进行，选择“向后”回归方式，设定步进概率为0.05、删除概率0.1，分别进行9次迭代后，得到两个各解释变量全部显著的模型，检验结果见表6-12。

表6-12 模型检验结果

	模型Ⅰ			模型Ⅱ		
	标准化系数	T值	显著水平(Sig)	标准化系数	T值	显著水平(Sig)
食品可追溯体系的功能性效益 X_1	0.118	2.434	0.015			
食品可追溯体系的可用性 X_2				0.090	1.776	0.077
规制环境的完善程度 X_3	0.087	1.792	0.074	0.092	1.811	0.071
婚姻状况 X_5	−0.087	−1.772	0.077			

（续）

	模型Ⅰ			模型Ⅱ		
	标准化系数	T值	显著水平（Sig）	标准化系数	T值	显著水平（Sig）
对食品可追溯体系的了解程度 X_9	0.222	4.578	0.000	0.227	4.670	0.000
购买到问题猪肉的次数 X_{10}	0.117	2.390	0.017			
R^2		0.098			0.075	
Adj. R^2		0.087			0.068	
F值		8.447			10.628	

（3）结果讨论

根据表 6－12 中的模型检验结果：

第一，“假说 H_I：食品可追溯体系的功能性效益越大消费者越可能追溯猪肉信息。”在模型Ⅰ中得到支持，说明消费者对食品可追溯体系给自身带来的好处是认同的，较为敏感，在 Hobbs（2004）等人的观点中，食品可追溯体系能降低购买猪肉前的信息搜寻成本和承担的猪肉安全风险与事故成本，虽然这很难从经济的角度进行量化和测算，却能从消费者的角度从侧面予以证实。在重大恶性食品安全事件频发、消费者餐桌上的风险不断升高的背景下消费者对食品可追溯体系的功能性效益的需求日益强烈。从猪肉市场来看，猪肉安全危害因素众多，疫情的周期性爆发、注水肉遍布市场、滥用禁用高毒高残留兽药、添加瘦肉精等的违禁品等，消费者通常承受着较高的安全风险，成都市的食品可追溯体系作为新的监管工具专门为解决猪肉安全问题而建立，虽然建立至今时间并不算长，但消费者对其有很高的期望。

第二，“假说 H_{II}：食品可追溯体系的可用性越强消费者越可能追溯猪肉信息。”在模型Ⅱ中得到支持。说明消费者追溯猪肉信息的行为越是向索赔阶段延伸，花费的成本就越高，对食品可追溯体系的可用性就越敏感。目前，体系仅提供互联网、短信两种查询方式，缺乏查询设备、必须掌握网络使用技术等带来的不便极大地增加了查询信息的成本。另外，许多消费者认为 FRID 技术并不能保证溯源信息的真实可靠、多达 86.3%的人认为食品可追溯体系中的技术环节存在漏洞。这为消费者认为溯源票以及当中的信息的用处非常小、根本没必要索要提供了部分解释。

实地调研发现，在屠宰加工、农贸市场、零售等多个环节存在着“信息上传速度慢、信息易丢失、设备的维修困难”等比较突出的问题，使得各参与主体抱怨食品可追溯体系非但没给自己带来好处，反而带来许多麻烦。食品可追溯体系的构建是一项系统工程，复杂度相当高，技术问题导致体系的可用性降低难以避免。成都市的食品可追溯体系中采用了 FRID、物联网、云数据库等多项先进技术，但如何简化溯源流程使整个体系结构更加合理以及从制度的角度设计合理的信息上传机制以避免网络拥堵等是在体系完善的环节必须考虑的问题。毕竟，可用性方面的问题导致的 FTS 项目失败是实践中比较突出的问题，这方面的先行者家乐福就因为信息的可信性以及整个链条的信息追溯难以保证，遭遇了来自消费者的严重的信任危机，而最终失败（黎光寿，2010）[125]。

第三，“假说 H_{III}：规制环境的完善程度越高消费者越可能追溯猪肉信息。”在模型Ⅰ和模型Ⅱ中均得到支持。这是被已往研究所忽略的地方，可以说完善的规制环境是食品可追溯体系的一部分，其重要性在于：一是可以保障食品可追溯体系显示和传递的信息真实可靠，从而在使用信息去判别猪肉安全水平时消费者不必去自已验证信息的真实性，从而也避免了产生的相应成本，所以也就不难理解 Loureiro（2007）的调查研究为什么显示相比可追溯美国消费者更重视 USDA 出具的食品安全检疫证明，原因就在于强制性证明的真实性更高。国外的大量研究中显示消费者更青睐于认证食品，也可被认为是一种类似的情况；二是当猪肉安全事故发生时，完善的规制环境能保证消费者获得赔偿，以及索赔过程中所花费的时间、精力、心理成本与诉讼费用较低。另外，完善的规制环境能使消费者对新的猪肉安全监管工具和政府的监管更有信心。

第四，在控制变量方面，根据模型Ⅰ，个人特征类变量“婚姻状态”、认知类变量“对食品可追溯体系的了解程度”与“购买到问题猪肉的次数”对消费者购买猪肉时索要溯源票有显著影响；根据模型Ⅱ，查询信息仅受到认知类变量“对食品可追溯体系的了解程度”的影响。这与已有研究中的结论是一致的，并且非常容易理解。目前，我国食品可追溯体系的建立仅限于试点城市，尚处于探索阶段，消费者对其缺乏足够的了解，这对消费者索要溯源票以及查询信息的影响较为明显；已婚的消费者承担着保障家人食物安全的责任所以表现得更为理性，够买猪肉时更倾向于索要溯源票；而购买到问题猪肉次数较多的消费者会觉得猪肉安全风险较高，会尽可能采取可能的措施来维护自身的权益。而查询信息在发生猪肉安全问题时更显得必要，所以仅受“对食品可追溯体系的了解程度”的影响，知道食品可追溯体系的功能以及知道如何查询信息就行，但这也可能与查询信息需要更高的成本有关。

6.3 本章小结

通过本章的分析，得到以下基本结论：

（1）根据对消费者对可追溯猪肉 WTP 及影响因素的分析，得到：消费者愿意额外支付的平均费用为 3.921（N=238）/2.522（N=395），虽然高于每头生猪的追溯成本 2.125 元，但也表明消费者具有对可追溯猪肉的 WTP 的比例不高，主要源于受对食品可追溯体系的了解程度、对食品可追溯体系带来的好处较低的影响，并与对规制环境完善程度的认知一起，进一步影响到消费者愿意为可追溯猪肉额外支付的费用。

（2）根据对消费者对猪肉质量安全信息行为及影响因素的分析，得到：食品可追溯体系的功能性效益与规制环境的完善程度对消费者索要溯源票有显著影响，食品可追溯体系的可用性与规制环境的完善程度对消费者查询信息有显著影响。食品可追溯体系的可用性不强以及规制环境的不完善会导致消费者追溯猪肉信息时产生较高的成本，从而使消费者产生食品可追溯体系的功能性效益太小的错觉，这是为解释目前消费者索要溯源票以及查询信息的比率较低的现象带来的最重要的启示。

7 强制性食品可追溯体系对猪肉经营者[①]行为的影响分析

本章将以前面各章的理论分析为基础和依据，分析猪肉经营者参与食品可追溯体系的现状、相容激励因素以及参与食品可追溯体系后态度和行为的改善程度，以检验食品可追溯体系的责任激励功能的作用，探讨建立食品可追溯体系过程中存在的问题与不足。

7.1 问题的提出

如何有效抑制食品经营者的机会主义倾向，激励其安全生产，是食品安全理论探讨的核心内容，这也是解决食品安全问题的关键。

已有的研究表明，食品经营者加强产品质量安全管理与控制的动因包括两个：市场驱动与食品安全规制（Bredahl 等，1998；Starbird，2000；Henson 等，2001）。市场驱动是指高品质和安全属性的产品，在提高企业声誉的同时带来效益；食品安全规制是指食品质量的售前要求以及售后惩罚措施，产生约束食品经营者行为的外部监管压力。售前要求有投入加工标准、产品性能标准、信息要求、销售或服务条件要求、使用条

---

① 目前，成都市的猪肉可追溯体系只能追溯到屠宰环节，这里的猪肉经营者主要包括生猪屠宰企业、农贸市场和猪肉零售摊主。

件要求；售后惩罚措施主要以责任的形式出现，通过法律体系要求企业承担生产不合格食品给消费者带来的损失（Caswell，1998；Buzby，1999）。而由于通常消费者是有限理性的，食品质量安全信息的缺乏和对食品经营者提供的信息的不信任，市场驱动的作用难以完全发挥，所以食品安全规制成为约束和激励食品经营者行为的主要措施。

根据本书第三章的理论分析带来的启示，食品安全规制在食品安全管理实践当中的作用同样难以有效发挥，原因在于政府监管部门与食品经营者之间，缺乏相关方式和手段有效的传递监管压力。但根据本书第四章（食品可追溯体系及其功能机制与猪肉行业食品安全问题的解决机制）的分析，食品可追溯体系是将外部监管压力传递给食品经营者的有效手段，利用食品可追溯体系具有的责任激励功能弥补和完善食品安全问题解决机制的缺陷。食品可追溯体系将成为抑制猪肉经营者的机会主义行为，激励其安全生产，向市场提供优质猪肉的有效手段。

但是，食品可追溯体系功能的发挥首先需要猪肉经营者的积极参与，“上有政策，下有对策”的问题存在必然导致食品可追溯体系建立失败。此时，就需要考察食品可追溯体系能否向猪肉经营者提供积极实施追溯的相容激励因素。其次，需要对食品可追溯体系的激励功能的作用效果进行分析和评价，对理论分析进行验证；最后，针对建立和运行食品可追溯体系过程中存在的一些不足和问题，需要结合实践情况进行具体的分析。为解决上述问题，本章将利用对成都市猪肉食品可追溯体系的参与主体行为的调研数据展开相应的研究工作。

7.2 数据来源与样本特征

7.2.1 数据来源

本章使用的数据主要包括屠宰企业、农贸市场和猪肉零售摊主的行为调查数据。均来自笔者与本课题组于 2012 年 7—8 月份对成都市生猪屠宰企业、农贸市场和猪肉零售摊主进行的问卷调查（详见第一章 1.6.2 数据来源）。

7.2.2 样本特征

（1）生猪屠宰企业特征分析

①生猪屠宰企业的性质与资质等级。如表 7-1 所示，被调查企业主要以民营为主，占到总数的 86.21%，国有和合资企业均占 6.9%。我国《生猪屠宰企业资质等级要求》对生猪屠宰企业的资质等级要求做出明确而严格的规定，根据经营规模、生产质量安全控制设施与措施、环境卫生等的具体情况分为 A～AAAAA 五个等级。被调查企业全部达到 A 级以上，且以 A 和 AA 级企业为主，分别占总数的 41.38%和 27.59%。

②生猪屠宰企业的注册资本与固定资产。图 7-1 和图 7-2分别反映的是生猪屠宰企业的注册资本和固定资产，注册资本在 2 000 万元以上的企业有 7 家，仅占总数的 23.33%；固定资产在 5 000 万元以上的企业有 8 家，仅占总数的 26.67%，说明企业的规模普遍偏小。

③企业从事屠宰业务的年限。如图 7-3 所示，绝大多数企业从事屠宰业务的年限在 20 年以下，平均年限为 13.29 年。

表 7-1 生猪屠宰企业的性质与资质等级

统计指标	分类指标	数目	比例（%）
企业性质	国有	2	6.90
	集体	0	0.00
	民营	25	86.21
	合资	2	6.90
	其他	0	0
资质等级	A	12	41.38
	AA	8	27.59
	AAA	4	13.79
	AAAA	1	3.45
	AAAAA	2	6.90

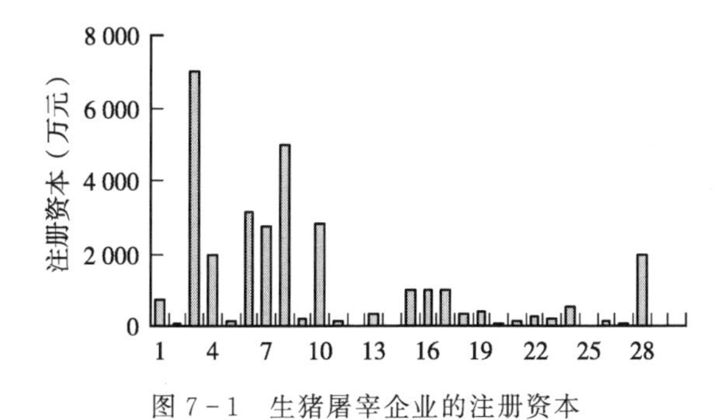

图 7-1 生猪屠宰企业的注册资本

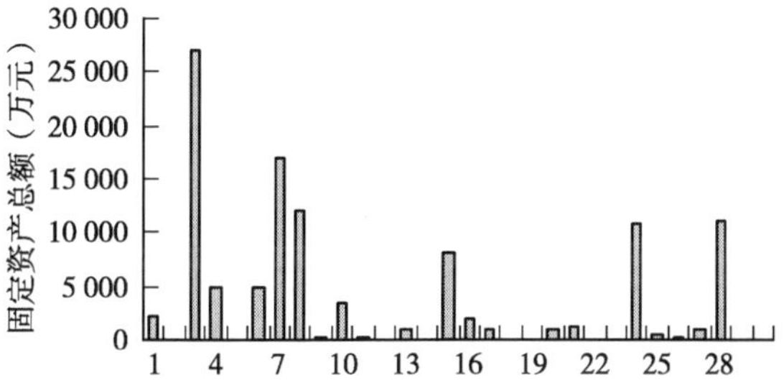

图 7-2 生猪屠宰企业的固定资产

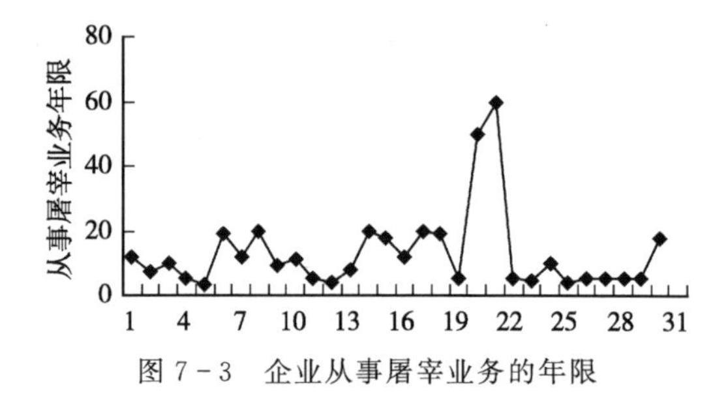

图 7-3　企业从事屠宰业务的年限

④生猪屠宰企业的人力资本。人力资本即生猪屠宰企业员工的构成结构、基本素质，对企业生产的质量安全水平有重要影响。如图 7-4 所示，企业负责人的年龄主要在 40～60 岁之间；如图 7-5 所示，受教育年限在 16 年以下的企业负责人有 27 人，占总数的 90%，即以大专以下文化水平为主，整体受教育水平并不高。

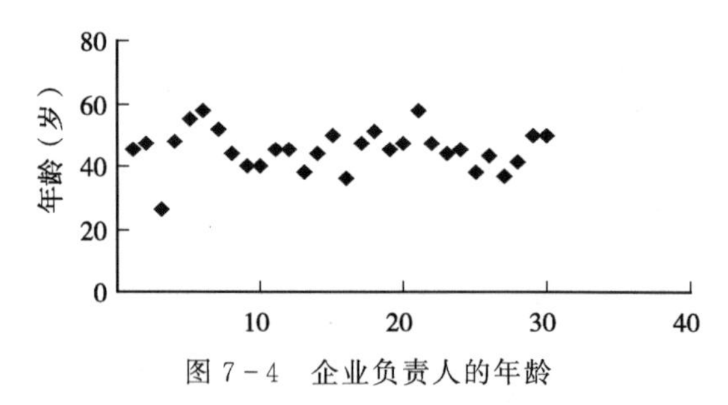

图 7-4　企业负责人的年龄

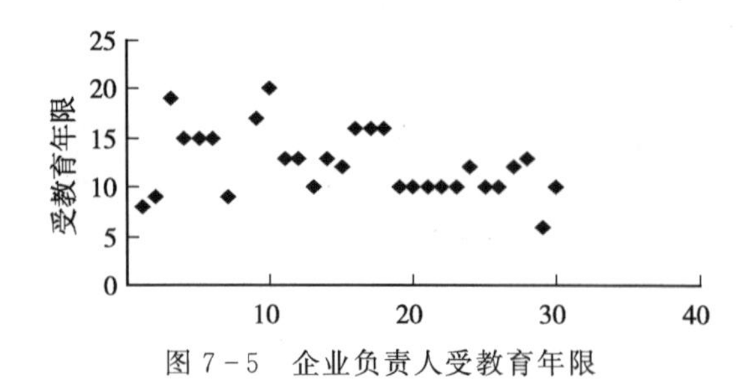

图 7-5　企业负责人受教育年限

根据图 7－6，绝大多数企业职工人数在 200 人以下，大专以上学历人数较低，说明生猪屠宰企业职工文化素质较低。

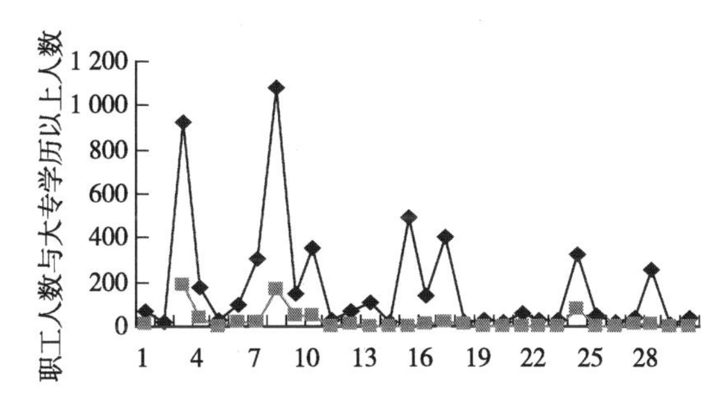

图 7－6 企业职工人数与大专以上学历人数

根据图 7－7 所示，被调查企业都按规定配备有专门的肉品检验人员，而且获得了商务部门颁发的培训合格证书，80％左右的企业配备拥有证书的肉品检验人员 3～4 人。

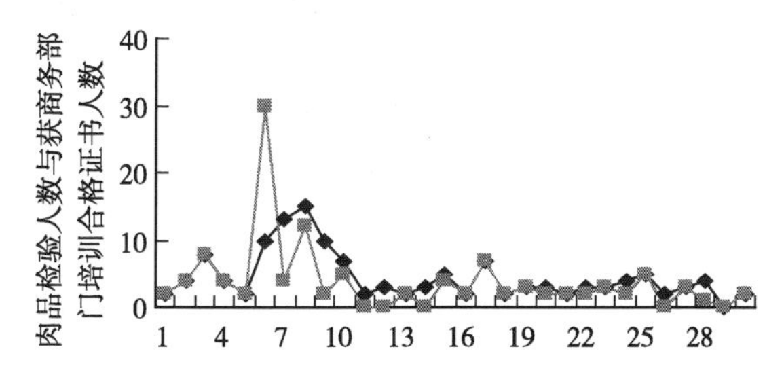

图 7－7 企业肉品检验人数与获得商务部门培训合格证人数

(2) 农贸市场特征分析

根据表 7－2 可知，大多数农贸市场成立年限较短，10 年以下的市场占总数的 72.98％，其中最近 5 年以内成立的占 45.95％。

如表 7－3 所示，所调查农贸市场性质以国有和民营为主，分别占总数的 32.43％和 45.95％。国有市场的保有比例与政府为城市人口食品供给问题，而投资建立农贸市场有关。

表 7－2　农贸市场成立年限

统计指标	分类指标	数目	比例（%）
成立年限	1～5 年	17	45.95
	6～10 年	10	27.03
	11～15 年	4	10.81
	16～20 年	2	5.41
	20 年以上	4	10.81

表 7－3　农贸市场的性质

统计指标	分类指标	数目	比例（%）
市场性质	国有	12	32.43
	集体	2	5.41
	民营	17	45.95
	合资	1	2.70
	其他	5	13.51

如表 7－4 所示，被调查市场中，一般市场占多数，省级和市级农贸市场两者共占有的比例为 48.64%。

表 7－4　农贸市场的级别

统计指标	分类指标	数目	比例（%）
市场级别	国家级	0	0.00
	省级	9	24.32
	市级	9	24.32
	其他	19	51.35

根据调查数据统计，农贸市场负责人年龄在35～60岁之间，平均年龄为47.37岁。根据表7-5，农贸市场负责人的学历主要以专科以下为主，达到86.48%，初中以下的占总数的32.43%。另外，根据调查数据统计结果，所有农贸市场平均拥有8.486 5个管理人员，其中大专以上人数1.558 8个，占总人数比例不足17.60%。

表7-5 农贸市场负责人的学历

统计指标	分类指标	人数	比例（%）
文化程度	研究生及以上	1	2.70
	大学本科	4	10.81
	大学专科	11	29.73
	中专或高中	9	24.32
	初中及以下	12	32.43

如表7-6所示，所有被调查农贸市场共有777个猪肉零售摊位，平均每个市场拥有21个。

表7-6 农贸市场的猪肉零售摊位数

统计指标	总数	平均数
猪肉零售摊位数	777	21

(3) 猪肉零售摊主特征分析

根据表7-7可知，猪肉零售摊主主要以男性为主，一般而言，猪肉零售需要摊主有较好的体力；猪肉零售摊主的文化水平普遍偏低，初中以下的占总数的93.92%。

表 7－7　猪肉零售摊主的性别与文化程度

统计指标	分类指标	人数	比例（%）
性别	男	79	53.38
	女	69	46.62
文化程度	大专及以上	2	1.35
	中专或高中	7	4.73
	初中	82	55.41
	小学及以下	57	38.51

根据表 7－8，通常情况下，一个猪肉零售摊位需要 2 人照看，占总数的 75%。

表 7－8　猪肉零售摊位需要照看的人数

统计指标	分类指标	频数	比例（%）
照看摊位人数	1 人	35	23.65
	2 人	111	75.00
	3 人	2	1.35

根据表 7－9 可知，零售摊主从事猪肉零售的年限为 10.75 年，说明在大的经济环境下，零售摊主另寻职业的成本较高，短时期内一般不考虑退出猪肉零售行业；日均猪肉销售量为 222.189 8 斤*，日均利润为 197.996 8 元，根据我国 2012 年城镇居民人均月收入 2 246.583 3 元，零售摊主能获得中等以上收入，这也是猪肉零售摊主不轻易退出猪肉零售行业的主要原因。

* 斤为非法定计量单位，1 斤＝500 克。——编者注

表7-9 零售摊主从事猪肉零售年限、销量与利润

统计指标	均值	标准差
从事猪肉零售年限（年）	11.240 9	0.541 8
猪肉日销售量（斤）	222.189 8	8.212 2
猪肉销售利润（元）	197.968 8	8.976 5

7.3 猪肉经营者参与食品可追溯体系的现状分析

7.3.1 生猪屠宰企业参与食品可追溯体系的现状分析

(1) 生猪屠宰企业对食品可追溯相关知识的认知

如图7-8与图7-9所示，生猪屠宰企业对食品可追溯法律法规，以及食品可追溯体系本身与建立食品可追溯体系的认知程度较高，对前者了解的比例达到企业总数的80%，这与企业自身的食品质量安全意识有关，对后者了解的比例高达97%，这与政府部门进行的培训和宣传有关。

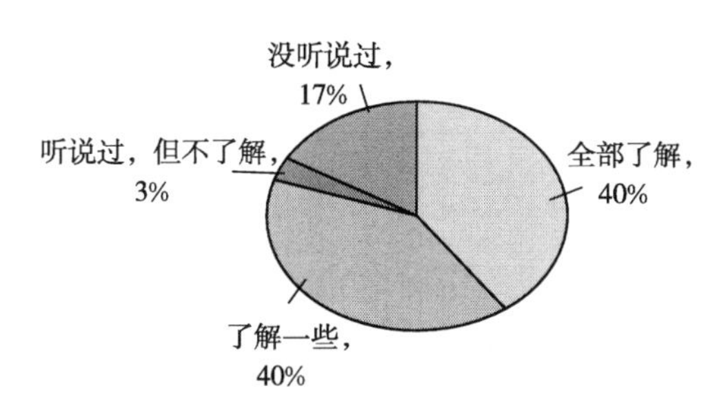

图7-8 生猪屠宰企业对食品可追溯法律法规的认知

(2) 生猪屠宰企业对建立食品可追溯体系的态度

为使评价指标能反映出被调查者的真实态度，在题目选项设置中采用了双重指标，比如指标“B：建立食品可追溯体系

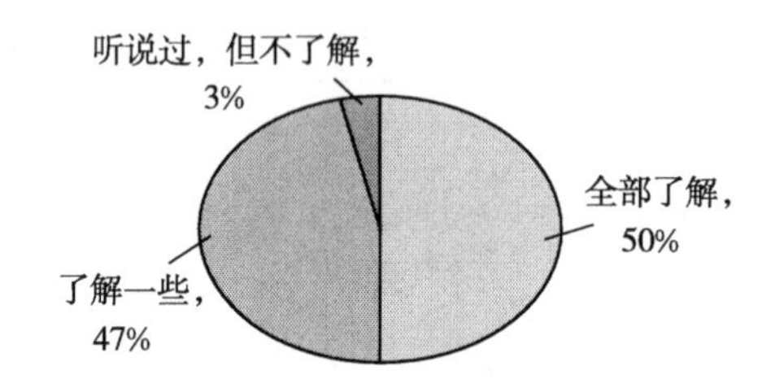

图 7-9　生猪屠宰企业对食品可追溯体系本身及建立食品可追溯体系的认知

是今后的趋势，有很多好处，十分必要”和“E：总的来看，建立食品可追溯体系的好处大于成本，有必要建立”用来反映被调查者的积极态度，其他指标用来反映消极态度。

根据表 7-10，大多数生猪屠宰企业对建立食品可追溯体系持积极的态度，认为有必要建立食品可追溯体系的企业占被调查企业总数的 73.33%。

表 7-10　生猪屠宰企业对建立食品可追溯体系的态度

评价指标	频数	响应百分比
A：政府推动建立食品可追溯体系的时间过早，市场接受程度低	4	13.33%
B：建立食品可追溯体系是今后的趋势，有很多好处，十分必要	23	76.67%
C：建立食品可追溯体系的技术还不成熟，还有很多问题没有解决，作用有限	9	30.00%
D：食品可追溯体系的建立和应用成本很高，但好处很少，没什么必要	2	6.67%
E：总的来看，建立食品可追溯体系的好处大于成本，有必要建立	22	73.33%

(3) 生猪屠宰企业参与食品可追溯体系的具体实施情况

根据建立食品可追溯体系的要求，生猪屠宰企业参与建立食品可追溯体系时，需要建立内部可追溯管理制度，并积极配合政府部门的工作，包括以下具体内容：建立健全溯源电子标签和读卡器的内部管理制度，落实专人负责相应管理和操作工作；建立内部产品质量溯源管理系统，并安装"成都市生猪产品质量安全可追溯信息系统"；建立健全信息报送制度等，落实专人负责溯源信息等的录入及上传工作；建立生猪产品出厂、场前的产品复检制度，落实专人检查产品的电子溯源标签及信息数据和章证是否齐全完整；主动了解可追溯系统相关知识，并参加政府组织的相关培训。根据调查数据统计结果，63.33%的企业做了上述所有工作，33.33%的企业只做到前面四项工作，另外3.33%的农贸市场只做到上述2项以下的工作。

如表7-11所示，56.66%的企业认为食品可追溯体系目前使用的技术存在漏洞，其中，20%的企业认为技术漏洞使信息的真实性得不到保证，这有可能影响到食品可追溯体系的可用性。

表7-11 使用的技术能否保证信息的真实性与使用的技术是否存在漏洞交叉项

		使用的技术是否存在漏洞					合计
		存在较大漏洞	存在	不存在	完全不存在	不知道	
使用的技术能否保证信息的真实性	否	0	6 (20%)	0	0	1 (3.33%)	7
	能	1 (3.33%)	10 (33.33%)	7 (23.31%)	2 (6.66%)	3 (9.99%)	23
合计		1	16	7	2	4	30

参与食品可追溯体系的过程中，生猪屠宰企业需要完成“绑定芯片、使用读卡器和身份识别卡、运行溯源管理系统、上传溯源信息”等系列溯源流程。如表 7－12 所示完成这些流程使得企业原有工作流程和内容增加，对企业的参与积极性具有一定的影响，根据表 7－13，仅有 66.66％的企业认为有必要且完全按照溯源流程进行操作。

表 7－12　参与食品可追溯体系对生猪屠宰企业原有工作的影响

变量	给原有工作带来的影响					平均值	标准差	排序
	很大＝5	较大＝4	一般＝3	较小＝2	很小＝1			
增加原有工作流程和内容	63.3％	16.7％	10％	10％	0％	4.333 3	1.028 3	1
增加原有工作的复杂程度	33.3％	23.3％	23.3％	13.3％	16.7％	3.633 3	1.272 6	2
使得原有工作更费时费工	30％	30％	16.7％	16.7％	6.7％	3.600 0	1.275 8	3

表 7－13　有没必要完全按要求操作与是否完全按要求进行操作交叉项

		是否完全按要求进行操作		合计
		否	是	
有没必要完全按要求操作	没必要	3（9.99％）	4（13.32％）	7
	有必要	3（9.99％）	20（66.66％）	23
合计		6	24	30

对于向企业以外提供生猪屠宰价格与数量等信息，各个企业表现出不同态度，因为这有可能泄露企业市场占有率等信息，如表 7－14 所示，仅有 50％的企业愿意且不担心食品可追溯体系将企业的生猪屠宰价格与数量信息等外泄。

表 7-14 是否愿意提供屠宰价格与数量信息与担心食品可追溯体系将信息外泄交叉项

		是否担心食品可追溯体系将屠宰价格与数量信息外泄		合计
		不担心	担心	
是否愿意提供屠宰价格与数量信息等	愿意	15（50%）	2（6.66%）	17
	不愿意	1（3.33%）	12（39.99%）	13
合计		16	14	30

7.3.2 农贸市场参与食品可追溯体系的现状分析

(1) 农贸市场对食品可追溯相关知识的认知

如图 7-10 与图 7-11 所示，农贸市场对食品可追溯法律法规，以及食品可追溯体系本身与建立食品可追溯体系的认知程度并不是很高，对前者了解的比例仅占总数的 66%，这与市场自身的食品质量安全意识不够高有关，对后者了解的比例高达 92%，这说明政府部门进行的培训和宣传起到很大作用。

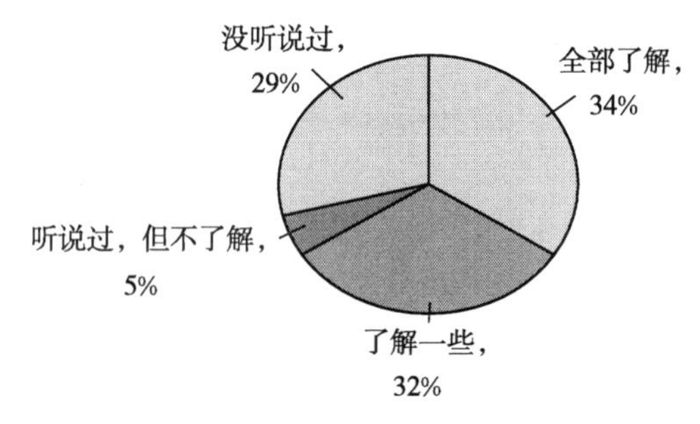

图 7-10 农贸市场对食品可追溯法律法规的认知

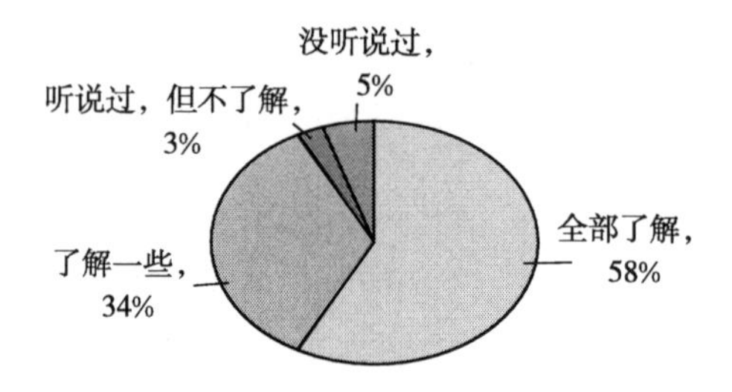

图 7-11　农贸市场对食品可追溯体系本身及建立食品可追溯体系的认知

(2) 农贸市场对建立食品可追溯体系的态度

根据表 7-15，大多数农贸市场对建立食品可追溯体系持积极的态度，认为有必要建立食品可追溯体系的企业占被调查企业总数的 67.57%。

表 7-15　农贸市场对建立食品可追溯体系的态度

评价指标	频数	响应百分比
A：政府推动建立食品可追溯体系的时间过早，市场接受程度低	5	13.51%
B：建立食品可追溯体系是今后的趋势，有很多好处，十分必要	28	75.68%
C：建立食品可追溯体系的技术还不成熟，还有很多问题没有解决，作用有限	13	35.14%
D：食品可追溯体系的建立和应用成本很高，但好处很少，没什么必要	5	13.51%
E：总的来看，建立食品可追溯体系的好处大于成本，有必要建立	25	67.57%

(3) 农贸市场参与食品可追溯体系的具体实施情况

根据建立食品可追溯体系的要求，农贸市场参与建立食品可追溯体系时，需要做以下工作：建立健全溯源电子标签和读卡器的内部管理制度，落实专人负责相应管理和操作工作；实施猪肉食品溯源系统工程，并安装“成都市生猪产品质量安全可追溯信息系统”；建立健全信息报送制度等，落实专人负责溯源信息等的录入及上传工作；落实专人检查市场内猪肉的电子溯源标签及信息数据和章证是否齐全完整；主动了解可追溯系统相关知识，并参加政府组织的相关培训。根据调查数据统计结果，48.64%的市场做了上述所有工作，40.54%的市场只做到前面四项工作，另外10.82%的市场只做到上述三项以下的工作。

如表7-16所示，高达70.28%的市场认为食品可追溯体系目前使用的技术存在漏洞，其中，45.95%的市场认为技术漏洞使信息的真实性得不到保证，这有可能影响到食品可追溯体系的可用性。

表7-16　使用的技术能否保证信息的真实性与使用的技术是否存在漏洞交叉项

		使用的技术是否存在漏洞			合计
		存在很大漏洞	存在漏洞	不存在漏洞	
使用的技术能否保证信息的真实性	不能	3（8.11%）	14（37.84%）	2（5.41%）	20
	能	1（2.71%）	8（21.62%）	9（24.32%）	18
合计		4	23	11	38

参与食品可追溯体系的过程中，农贸市场需要完成“运行生猪产品质量安全可追溯体系市场监管平台、使用读卡器和身份识别卡监督零售摊主行为、检查/回收/处理溯源芯片、上传溯源信息”等溯源流程。如表7-17所示完成这些流程使得市场管理工作流程和内容增加，对市场的参与积极性具有一定的

影响，根据表 7－18，有 18.92％的市场认为没有必要完全按照溯源流程进行操作，其中 8.11％的市场没有完全按要求完成溯源流程。

表 7－17　参与食品可追溯体系对农贸市场管理工作的影响

变量	给管理工作带来的影响					平均值	标准差	排序
	很大＝5	较大＝4	一般＝3	较小＝2	很小＝1			
增加监管工作流程和内容	76.3％	7.9％	15.8％	0％	3.3％	4.648 6	0.715 6	1
增加监管工作的复杂程度	44.7％	21.1％	18.4％	5.3％	10.5％	3.864 9	1.357 3	2
使得监管工作更费时费工	39.5％	23.7％	23.7％	7.9％	5.3％	3.864 9	1.205 6	2

表 7－18　有没必要完全按要求操作与是否安全按要求进行操作交叉项

		是否完全按要求进行操作		合计
		否	是	
有没必要完全按要求操作	没必要	3（8.11％）	4（10.81％）	7
	有必要	2（5.41％）	28（75.68％）	30
合计		5	32	37

7.3.3　猪肉零售摊主参与食品可追溯体系的现状分析

(1) 猪肉零售摊主对食品可追溯相关知识的认知

图7－12与图 7－13 反映出，猪肉零售摊主对食品可追溯法律法规，以及食品可追溯体系本身与建立食品可追溯体系的认知程度并不是很高，对前者了解的比例仅占总数的 42％，这与零售摊主自身素质及食品质量安全意识不高有关，对后者了解的比例为 51％，零售摊主群体庞大，要通过培训和宣传提高他们的质量安全意识，增加他们与食品可追溯体系相关的知识有一定的难度。

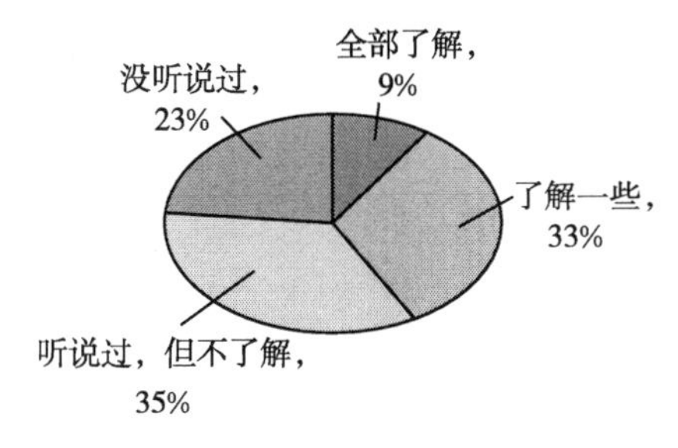

图 7-12　猪肉零售摊主对食品可追溯法律法规的认知

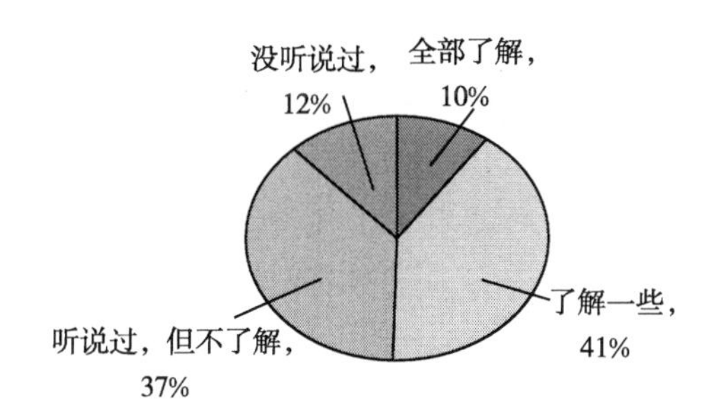

图 7-13　猪肉零售摊主对食品可追溯体系本身及建立食品可追溯体系的认知

(2) 猪肉零售摊主对建立食品可追溯体系的态度

根据表 7-19，大多数猪肉零售摊主对建立食品可追溯体系持积极的态度，认为有必要建立食品可追溯体系的摊主占被调查摊主总数的 67.57%。

表 7-19　猪肉零售摊主对建立食品可追溯体系的态度

评价指标	频数	响应百分比
A：政府推动建立食品可追溯体系的时间过早，市场接受程度低	12	8%
B：建立食品可追溯体系是今后的趋势，有很多好处，十分必要	79	52.67%

（续）

评价指标	频数	响应百分比
C：建立食品可追溯体系的技术还不成熟，还有很多问题没有解决，作用有限	33	22%
D：食品可追溯体系的建立和应用成本很高，但好处很少，没什么必要	16	10.67%
E：总的来看，建立食品可追溯体系的好处大于成本，有必要建立	62	41.33%

（3）猪肉零售摊主参与食品可追溯体系的具体实施情况

如表7-20所示，42.66%的猪肉零售摊主认为目前食品可追溯体系中使用的技术存在漏洞，其中，26.66%的摊主认为这些漏洞使得信息的真实性得不到保证，这与实际是相符的，调研过程中，许多摊主抱怨溯源电子秤精度低、电池容量小、容易损坏等，使得他们不愿意使用这些设备。

表7-20 使用的技术能否保证信息的真实性与使用的技术是否存在漏洞交叉项

		使用的技术是否存在漏洞					合计
		存在较大漏洞	存在	不存在	完全不存在	不知道	
使用的技术能否保证信息的真实性	否	5（3.33%）	20（13.33%）	0	0	3（2%）	28
	能	3（2%）	36（24%）	55（36.67%）	5（3.33%）	23（15.33%）	122
合计		8	56	55	5	26	150

对于猪肉零售摊主来说，他们参与食品可追溯体系的过程相对较为简单，只需要凭借身份识别卡批发猪肉，销售猪肉时使用溯源电子秤称量猪肉重量和打印溯源票即可，所以如表

7-21所示，参与食品可追溯体系对猪肉零售工作基本上没有影响，但根据表7-22表，仅有62%的摊主认为有必要完全按要求完成溯源流程，其中58%的摊主完全按要求完成溯源流程，这与消费者索票意识较低、溯源电子秤容易损坏且精度低等有关，零售摊主一般不主动向消费者打印溯源小票。

表7-21 参与食品可追溯体系对猪肉零售工作的影响

变量	给猪肉零售工作带来的影响					平均值	标准差	排序
	很大=5	较大=4	一般=3	较小=2	很小=1			
增加原有工作流程和内容	10%	18.7%	28.7%	4%	38.7%	2.573 3	1.415 9	1
增加原有工作的复杂程度	2.7%	11.3%	37.3%	10%	38.7%	2.293 3	1.173 2	2
使得原有工作更费时费工	2%	10%	32.7%	16.7%	38.7%	2.200 0	1.123 3	2

表7-22 有没必要完全按要求操作与是否安全按要求进行操作交叉项

		是否完全按要求进行操作		合计
		否	是	
有没必要完全按要求操作	没必要	44 (29.33%)	13 (8.67%)	57
	有必要	6 (4%)	87 (58%)	93
合计		50	100	150

通过对猪肉经营者参与食品可追溯体系现状的分析，得到如下结论：各猪肉经营者对食品可追溯相关知识的认知并不算太高，但政府部门提供的培训和宣传对提高各主体的认知有较为明显的作用；生猪屠宰企业和农贸市场需要完成的溯源流程相对较为复杂，增加了原有工作的流程和内容，对二者的操作态度和行为有一定的影响；部分猪肉经营者认为目前食品可追

溯体系中使用的技术存在漏洞，不能保证信息的真实性；此外，部分生猪屠宰企业，出于保护商业信息的目的，不愿意向外界提供生猪屠宰价格和数量等信息。

7.4 猪肉经营者参与食品可追溯体系的激励因素

成都市猪肉食品可追溯体系由政府主导和推动，实施追溯被作为猪肉市场准入条件，它与政府监管部门的食品安全规制，以及同行其他企业的规范行为带来的压力等共同构成对各猪肉经营者参与食品可追溯体系的参与激励约束；相容激励约束方面，根据第六章（详见 6.3.1.1 食品经营者获得的效益）的分析，食品可追溯体系能给食品经营者带来提升内部质量安全管理水平，从而降低企业食品安全事故发生风险，降低食品安全事故发生的成本，产品溢价和更高市场占有率，更加公平和有序的竞争环境；降低上下游客户之间降低协调和信息交换成本，提高供应链管理效率等方面的效益，此处将以其为思路，考察不同猪肉经营者面临的相容激励因素，下面通过比较分析的方法分别进行识别。

7.4.1 生猪屠宰企业参与食品可追溯体系的激励因素

（1）参与激励因素

如表 7－23 所示，生猪屠宰企业参与食品可追溯体系的动因主要为各级政府监管部门的动员与规避本行业较大的安全规制压力，其响应百分比分别为 70％和 66.7％，相反，政府虽然将实施追溯作为猪肉市场准入条件，但对企业参与食品可追溯体系构成的影响最小。

表 7-23 生猪屠宰企业参与食品可追溯体系的参与激励因素

变量	参与激励因素					平均值	标准差	排序
	很大=5	较大=4	一般=3	较小=2	很小=1			
PI_{E1}：各级政府监管部门的动员	70%	13.3%	13.3%	0%	3.3%	4.400 0	1.003 4	1
PI_{E2}：规避较大的安全管制压力	66.7%	16.7%	10%	3.3%	3.3%	4.233 3	0.971 4	2
PI_{E3}：其他企业参与带来的压力	40%	16.7%	16.7%	16.7%	10%	3.466 7	1.357 8	3
PI_{E4}：避免市场准入带来的限制	30%	33.3%	20%	10%	6.7%	2.866 7	1.525 3	4

(2) 相容激励因素

从表 7-24 可以看出，对于生猪屠宰企业来说，掌握猪肉流向与市场动向与打击私屠滥宰规范猪肉交易市场是其能从参与食品可追溯体系中获得的最重要的效益，由于政府推行的是所有猪肉都必须实施追溯，所以企业的屠宰业务量并没有因为实施追溯提升，实施追溯与未实施追溯之间未体现出差别，多达 46.7%的企业表示屠宰量没有什么变化。

表 7-24 生猪屠宰企业参与食品可追溯体系的相容激励因素

变量	相容激励因素					平均值	标准差	排序
	很大=5	较大=4	一般=3	较小=2	很小=1			
II_{E1}：更容易掌握猪肉流向与市场动向	70%	13.3%	13.3%	0%	3.3%	4.466 7	0.973 2	1
II_{E2}：打击私屠滥宰规范猪肉交易市场	66.7%	16.7%	10%	3.3%	3.3%	4.400 0	1.037 2	2

（续）

变量	相容激励因素					平均值	标准差	排序
	很大=5	较大=4	一般=3	较小=2	很小=1			
$Ⅱ_{E3}$：与上游客户的业务关系更加紧密	40%	16.7%	16.7%	16.7%	10%	3.600 0	1.428 8	5
$Ⅱ_{E4}$：与下游客户的业务关系更加紧密	30%	33.3%	20%	10%	6.7%	3.700 0	1.207 7	4
$Ⅱ_{E5}$：业务关系紧密更有利于拓展业务	36.7%	26.7%	20%	10%	6.7%	3.766 7	1.250 8	3
$Ⅱ_{E6}$：建立食品可追溯体系后企业的屠宰业务增加	0%	13.3%	46.7%	20%	20%	2.533 3	0.973 2	6

7.4.2 农贸市场参与食品可追溯体系的激励因素

(1) 参与激励因素

如表 7－25 所示，农贸市场参与食品可追溯体系的动因主要是各级政府监管部门的动员，其响应百分比为 73%，由于农贸市场本身并不直接参与猪肉生产经营，所以受猪肉安全管制的压力相比之下，较屠宰企业小；同时，政府虽然将实施追溯作为猪肉市场准入条件，但对其他企业参与食品可追溯体系构成的影响同样较小。

表 7－25 农贸市场参与食品可追溯体系的参与激励因素

变量	参与激励因素					平均值	标准差	排序
	很大=5	较大=4	一般=3	较小=2	很小=1			
$PⅠ_{M1}$：各级政府监管部门的动员	73%	18.9%	2.7%	0%	5.4%	4.540 5	0.988 7	1

（续）

变量	参与激励因素					平均值	标准差	排序
	很大=5	较大=4	一般=3	较小=2	很小=1			
PI_{M2}：规避较大的安全管制压力	54.1%	24.3%	16.2%	5.4%	0%	4.270 3	0.932 4	2
PI_{M3}：其他企业参与带来的压力	4.8%	5.4%	27%	29.7%	27%	2.432 4	1.259 2	3
PI_{M4}：避免市场准入带来的限制	10.8%	0%	21.6%	18.9%	48.6%	2.054 1	1.311 2	4

(2) 相容激励因素

如表 7－26 所示，对于提供猪肉经营平台的农贸市场来说，建立食品可追溯体系后，对他们参与构成激励的因素排在前三位的是使得监管工作更加透明和容易，降低市场面临的食品安全风险与成本，以及市场中的猪肉更加安全。

表 7－26　农贸市场参与食品可追溯体系的相容激励因素

变量	相容激励因素					平均值	标准差	排序
	很大=5	较大=4	一般=3	较小=2	很小=1			
II_{M1}：更容易掌握猪肉流向与市场动向	43.2%	29.7%	16.2%	2.7%	8.1%	3.973 0	1.213 0	5
II_{M2}：打击违法违规行为规范市场秩序	48.6%	24.3%	16.2%	0%	10.8%	4.000 0	1.291 0	4
II_{M3}：使上游客户供给的猪肉更加安全	54.1%	10.8%	21.6%	2.7%	10.8%	3.945 9	1.373 3	6
II_{M4}：使市场监管工作更加透明和容易	54.1%	21.6%	13.5%	5.4%	5.4%	4.135 1	1.182 3	3

（续）

变量	相容激励因素					平均值	标准差	排序
	很大=5	较大=4	一般=3	较小=2	很小=1			
$Ⅱ_{M5}$：降低整个市场猪肉质量安全风险	73%	10.8%	10.8%	0%	5.4%	4.459 5	1.069 6	1
$Ⅱ_{M6}$：规避不必要的责任降低事故成本	62.2%	21.6%	10.8%	0%	5.4%	4.351 4	1.059 8	2

7.4.3 猪肉零售摊主参与食品可追溯体系的激励因素

(1) 参与激励因素

如表7－27所示，零售摊主参与食品可追溯体系的动因主要为各级政府监管部门的动员，其响应百分比为54.7%，零售摊主群体庞大，较为分散，对其实施有效监管较难，他们通常仅在有限的范围内承担相应的责任，能为其规避责任提供诱因。

表7－27 猪肉零售摊主参与食品可追溯体系的参与激励因素

变量	参与激励因素					平均值	标准差	排序
	很大=5	较大=4	一般=3	较小=2	很小=1			
PI_{R1}：各级政府监管部门的动员	54.7%	19.3%	24.7%	0.7%	0.7%	4.266 7	0.902 4	1
PI_{R2}：规避较大的安全管制压力	27.3%	26.7%	33.3%	6%	6.7%	3.620 0	1.145 0	2
PI_{R3}：其他企业参与带来的压力	16.7%	20.7%	32.7%	17.3%	12.7%	3.113 3	1.245 3	3
PI_{R4}：避免市场准入带来的限制	20%	16.7%	21.3%	14%	28%	2.866 7	1.491 2	4

(2) 相容激励因素

如表7-28所示，对于猪肉零售摊主来说，建立食品可追溯体系后，对他们参与构成激励的因素排在前三位的是保障猪肉质量安全，增强消费者的信心，以及市场交易秩序得到规范。但表7-28中的数据表明，这些因素对零售摊主的激励作用不是太大，这可能与猪肉零售行业竞争大，近似于一个完全竞争市场，不管他们怎么努力，所能获取的额外效益总是有限的有关。

表7-28 猪肉零售摊主参与食品可追溯体系的相容激励因素

变量	相容激励因素					平均值	标准差	排序
	很大=5	较大=4	一般=3	较小=2	很小=1			
$Ⅱ_{R1}$：规范市场交易秩序	50%	25.3%	22.7%	0.7%	1.3%	4.220 0	0.911 3	1
$Ⅱ_{R2}$：密切与上游的联系	36.7%	18%	39.3%	4%	2%	3.833 3	1.039 0	5
$Ⅱ_{R3}$：保障猪肉质量安全	53.3%	17.3%	24%	4.7%	0.7%	4.180 0	0.997 1	3
$Ⅱ_{R4}$：增强消费者的信心	54.7%	18.7%	20%	6%	0.7%	4.206 7	1.005 3	2
$Ⅱ_{R5}$：规避不必要的责任	44%	17.3%	25.3%	10.7%	2.7%	3.893 3	1.165 2	4
$Ⅱ_{R6}$：猪肉销量有所增加	22%	10%	68%	0%	0%	3.540 0	0.832 5	6

根据以上的分析可知，各猪肉经营者的参与行为受到不同因素的激励。参与激励因素方面，各级政府监管部门的动员与规避较大的安全管制压力是促使各猪肉经营者参与食品可追溯体系最重要的因素，实施食品可追溯体系作为一项新的食品安全管理政策，采用政府强制性推动能在短期内以较低的成本快速实行。相容激励因素方面，对生猪屠宰企业来说，掌握猪肉流向与市场动向与打击私屠滥宰规范猪肉交易市场的激励作用相对较大；对农贸市场来说，降低市场面临的食品安全风险与成本，使得监管工作更加透明和容易对其的激励作用相对较

大；对猪肉零售摊主来说，增强消费者的信心，保障猪肉质量安全，以及市场交易秩序得到规范对其的激励作用相对较大。

7.5 食品可追溯体系对猪肉经营者的激励效果

食品可追溯体系对猪肉经营者的责任激励效果主要表现在其质量安全意识和行为两个方面，下面分别就各猪肉经营者的情况进行分析。

7.5.1 食品可追溯体系对生猪屠宰企业的激励效果

如表 7-29 所示，建立食品可追溯体系后，90%的生猪屠宰企业表示，发生猪肉安全事故时，通过食品可追溯体系能更容易追溯到自己，且承担的安全责任更大，在食品可追溯体系责任激励的作用下，企业的质量安全意识有所提高。

表 7-29 建立食品可追溯体系后生猪屠宰企业态度改变情况交叉项分析

		是否感觉承担的安全责任更大	合计
		是	
是否更容易追溯到自己	否	3 (10%)	3
	是	27 (90%)	27
合计		30	30

建立食品可追溯体系后，生猪屠宰企业的生产行为有明显改善，反映在生猪进场向畜主索票更严格、屠宰前后对猪肉的检验检疫更加严格、强化企业内部屠宰管理制度建设、更加严格执行国家制定的生猪屠宰法律与标准、更加注重生猪养殖户等上游客户的资质，以及对生产信息进行记录存档等方面。如

表 7－30 所示，至少 53％的企业在这些方面的改变很大，企业最为注重的是加强企业内部屠宰管理制度建设，其次是生猪进场时向畜主索要票据，以加强猪肉的质量安全控制和管理。

表 7－30 建立食品可追溯体系后生猪屠宰企业生产行业改变情况

变量	生猪屠宰企业生产行为改变情况					平均值	标准差	排序
	很大＝5	较大＝4	一般＝3	较小＝2	很小＝1			
A_{E1}：生猪进场向畜主索票更严格	63.3％	16.7％	16.7％	0％	3.3％	4.366 7	0.999 4	2
A_{E2}：宰前对生猪的检疫更严格	60％	20％	16.7％	0％	3.3％	4.333 3	0.994 2	3
A_{E3}：宰后对肉品的检疫更严格	63.3％	20％	10％	3.3％	3.3％	4.366 7	1.033 4	2
A_{E4}：强化内部屠宰管理制度建设	70％	6.7％	20％	0％	3.3％	4.400 0	1.037 2	1
A_{E5}：执行国家法律与标准更严格	60.3％	10％	23.3％	0％	3.3％	4.300 0	1.055 4	4
A_{E6}：更加注重上游客户的资质	63.3％	6.7％	16.7％	6.7％	6.7％	4.133 3	1.306 0	5
A_{E7}：严格执行生产信息记录存档	53％	10％	23.3％	3.3％	10％	3.933 3	1.362 9	6

7.5.2 食品可追溯体系对农贸市场的激励效果

农贸市场并不直接参与猪肉的生产经营，但作为猪肉供应上十分重要的环节，同其他猪肉经营者一起承担相同的安全责任。如表 7－31 所示，91.89％农贸市场表示，建立食品可追溯体系后，当发生猪肉安全事故时，通过食品可追溯体系能更容易追溯到自己，且承担的安全责任更大，在食品可追溯体系责任激励的作用下，农贸市场的质量安全意识有所提高。

表 7－31　建立食品可追溯体系后农贸市场态度改变情况交叉项分析

		是否感觉承担的安全责任更大		合计
		否	是	
是否更容易追溯到自己	是	3（8.11%）	34（91.89%）	37
合计		3	34	37

如表 7－32 所示，建立食品可追溯体系后，农贸市场行为的改善非常明显，特别是在对进入市场猪肉的复检、猪肉复检信息的记录方面，81.1%的市场都更加严格，75.7%的市场对猪肉零售摊主的监管更加严格，这同时也是市场最为关注的前三个因素。

表 7－32　建立食品可追溯体系后农贸市场行为改变情况

变量	农贸市场行为改变情况					平均值	标准差	排序
	很大＝5	较大＝4	一般＝3	较小＝2	很小＝1			
A_{M1}：对进入市场猪肉的复检更严	81.1%	16.2%	2.7%	0%	0%	4.783 8	0.479 3	1
A_{M2}：对猪肉复检信息的记录更严	81.1%	13.5%	5.4%	0%	0%	4.756 8	0.548 0	2
A_{M3}：对上游客户资质的关注更多	54.1%	16.2%	16.2%	2.7%	10.8%	4.000 0	1.354 0	4
A_{M4}：对猪肉零售摊主的监管更严	75.7%	18.9%	5.4%	0%	0%	4.702 7	0.570 8	3
A_{M5}：更加关注市场猪肉流通信息	54.1%	10.8%	18.9%	2.7%	13.5%	3.8919	1.448 8	5

7.5.3　食品可追溯体系对猪肉零售摊主的激励效果

如表7-33所示，建立食品可追溯体系后，76.67%的猪肉零售摊主表示，发生猪肉安全事故时，通过食品可追溯体系能更容易追溯到自己，且承担的安全责任更大，在食品可追溯体系责任激励的作用下，大多数零售摊主的质量安全意识有所提高。

表7-33　建立食品可追溯体系后猪肉零售摊主态度改变情况交叉项分析

		是否感觉承担的安全责任更大		合计
		否	是	
是否更容易追溯到自己	否	14（9.33%）	0	14
	是	21（14%）	115（76.67%）	136
合计		35	115	150

根据实地调研了解到的情况，绝大多数被调查者表示影响猪肉质量安全的主要是屠宰企业等上游主体，猪肉零售对猪肉质量安全的影响较小，这能从表7-34的数据中得以说明。如表7-34所示，建立食品可追溯体系后，54.7%的猪肉零售摊主对猪肉质量安全要求提高，更加关注猪肉来源信息与上游客户资质的零售摊主分别占54%和49.3%。同时，零售摊主最为注重的是猪肉的来源信息。

表7-34　建立食品可追溯体系后猪肉零售摊主行为改变情况

变量	猪肉零售摊主行为改变情况					平均值	标准差	排序
	很大=5	较大=4	一般=3	较小=2	很小=1			
A_{R1}：更加关注猪肉的来源信息	54%	23.3%	20.7%	2%	0%	4.319 7	0.852 0	1

（续）

变量	猪肉零售摊主行为改变情况					平均值	标准差	排序
	很大=5	较大=4	一般=3	较小=2	很小=1			
A_{R2}：对猪肉质量安全要求提高	54.7%	20%	24%	1.3%	0%	4.306 1	0.864 9	2
A_{R3}：更加关注上游客户的资质	49.3%	22.7%	24%	3.3%	7%	4.190 5	0.946 0	3

从以上的分析结果来看，食品可追溯体系对猪肉经营者的作用是积极的，能有效抑制各生产经营主体的机会主义行为。生猪屠宰企业、农贸市场与猪肉零售摊主的质量安全意识和行为，都在建立食品可追溯体系后有所提升和改善，反映在具体生产经营过程中的各个方面。农贸市场的改善最为明显，因为虽然农贸市场不直接参与猪肉的生产经营，仅为猪肉零售摊主提供经营平台，但质量安全管理是其生存的基础。猪肉零售摊主改善的情况稍差，这可能与猪肉零售摊主群体庞大，监管困难，以及其整体文化素质水平相对较低等原因有关。

7.6 本章小结

本部分利用问卷调查数据，通过对猪肉经营者参与食品可追溯体系行为的分析，以对运用食品可追溯体系解决猪肉行业食品安全问题的效果进行验证，得到如下结论：

(1) 各猪肉经营者对食品可追溯相关知识的认知并不算太高，但政府部门提供的培训和宣传对提高各主体的认知有较为明显的作用，各猪肉经营者对参与食品可追溯体系的态度是积极的，其中，生猪屠宰企业对建立食品可追溯体系的评价最高，猪肉零售摊主最低，这可能与企业整体质量安全意识水平相对较高，而零售摊主整体质量安全意识水平相对较低有关；生猪屠宰企业和农贸市场需要完成的溯源流程相对较为复杂，增加了原有工作的流程和内容，对二者的态度和行为有一定的影响；部分猪肉经营者认为目前食品可追溯体系中使用的技术存在漏洞，不能保证信息的真实性；此外，部分生猪屠宰企业，出于保护商业信息的目的，不愿意向外界提供生猪屠宰价格和数量等信息。

（2）成都市猪肉食品可追溯体系由政府主导和推动，实施追溯被作为猪肉市场准入条件，它与政府监管部门的食品安全规制，以及同行其他企业的规范行为带来的压力等共同构成对各猪肉经营者参与食品可追溯体系的参与激励约束；相容激励约束方面，主要体现在食品可追溯体系能给食品经营者带来提升内部质量安全管理水平，从而降低企业食品安全事故发生风险，降低食品安全事故发生的成本，产品溢价和更高市场占有率，更加公平和有序的竞争环境；降低上下游客户之间降低协调和信息交换成本，提高供应链管理效率等方面。

（3）食品可追溯体系对猪肉经营者行为的责任激励作用明显，能有效促使其质量安全意识的提高和行为的改善。生猪屠宰企业、农贸市场与猪肉零售摊主的质量安全意识和行为，都在建立食品可追溯体系后有所提升和改善；反映在具体生产经营过程中的各个方面。农贸市场的改善最为明显，因为虽然农贸市场不直接参与猪肉的生产经营，仅为猪肉零售摊主提供经营平台，但质量安全管理是其生存的基础。猪肉零售摊主改善的情况稍差，这可能与猪肉零售摊主群体庞大，监管困难，以及其整体文化素质水平相对较低等原因有关。

8 结论与政策建议

8.1 结论

通过第三章到第七章的分析，得到以下结论：

（1）猪肉行业食品安全问题实质是市场上优质猪肉的有效供给不足；猪肉市场不完美，存在严重的信息不对称，会引发市场交易双方的不完全逆向选择，导致优质猪肉有效供给不足，低质量猪肉规模存在，社会福利严重受损；猪肉经营者生产经营行为具有外部性，猪肉质量安全信息具有公共物品性质，会导致猪肉市场失灵；猪肉质量安全属性的产权难以清晰界定和转移，会诱发猪肉经营者机会主义行为的结果，最终导致市场失灵；由政府强制性介入信息披露与制定标准，并强化行政与法制监管是纠正猪肉市场失灵解决猪肉行业食品安全问题的有效途径和手段。但监管过程中缺乏必要的方式或手段清晰界定和明确各猪肉经营者的猪肉安全责任，并将相应的猪肉安全责任传递到各猪肉经营者，这是目前猪肉行业安全事件频发难以得到根治的原因，引入食品可追溯体系，构建行之有效的监管压力传递手段或方式，提高监管的有效性十分必要。

（2）食品可追溯体系有企业产品质量控制领域的非强制性食品可追溯体系和食品安全监管领域的强制性食品可追溯体系两个类型，后者在全球畜禽行业的食品安全监管领域的应用最为广泛，其本质是一种借助技术手段界定食品质量安全属性产权的工具，主要的功能是强制披露食品质量安全信息和提供责任激励。通过强制性食品可追溯体系能够清晰界定猪肉的产权归属，明确猪肉经营者的质量安全责任，将监管压力传递给猪肉经营者，并向消费者提供追究猪肉经营者责任的延迟权利，据此增强交易完成后惩罚机制的有效性，改变猪肉经营者的预期，激励其安全生产经营；完善外部食品安全管制环境，加大对猪肉经营者机会主义行为的惩罚力度，以及提高食品可追溯体系的可用性，能有效促进猪肉经营者食品质量安全意识的提高和行为的改善。

（3）食品监管领域的食品可追溯体系属于强制性的全链食品可追溯体系；一般由建立技术、可追溯制度与政府管理体系三部分组成；追溯的内容包括产品追溯和责任人追溯，应以责任人追溯为主；宽度、深度与精确度三个结构参数和数据的真实性、完整性，以及可用性等信息技术参数是建立食品可追溯体系需要考虑的参数；食品可追溯体系具有链式模式和集中发散模式两种建立模式，其建立需要遵循实用性、经济性和可用性三个原则，并分步骤实施。

（4）食品可追溯体系的建立和运行会产生较高的成本，剔除政府投入后，成都市每头生猪（按 125 千克计）的追溯成本为 2.125 元。

（5）强制性食品可追溯体系对消费者对可追溯猪肉及溯源行为都有影响，结果表明：消费者具有对可追溯猪肉的支付意愿比率不高，而消费者愿意额外支付的平均费用为 3.921（N＝238）/2.522（N＝395），这源于消费者对食品可追溯体系的了解程度、食品可追溯体系带来的好处认知程度较低，并与对规制环境完善程度的认知一起，进一步影响到消费者愿意为可追溯猪肉额外支付的费用；食品可追溯体系的功能性效益与规制环境的完善程度对消费者索要溯源票有显著影响，食品可追溯体系的可用性与规制环境的完善程度对消费者查询信息有显著影响。

（6）食品可追溯体系对猪肉经营者行为的责任激励作用明显，能有效促使其质量安全意识的提高和行为的改善。生猪屠宰企业、农贸市场与猪肉零售摊主的质量安全意识和行为，都在建立食品可追溯体系后有所提升和改善；它们对参与食品可追溯体系总体上持积极的态度，在食品可追溯体系的建立和运行过程中，对食品可追溯相关知识的认知，食品可追溯体系的可用性等问题是影响各猪肉经营者参与积极性的主要因素；以食品安全管制压力为主的参与激励因素和以食品安全风险与事故成本降低为主的相容激励因素约束着猪肉经营者参与食品可追溯体系的行为。

8.2 政策建议

本研究回答了运用食品可追溯体系解决猪肉行业食品安全问题的依据是什么及效果如何等相应的问题，为解决我国猪肉行业食品安全问题及其他领域的食品安全问题提供了新的思路，为了进一步促进猪肉溯源管理的实施，猪肉食品可追溯体系长效运行机制的建立，得到更多食品安全问题解决经验与启示，根据以上研究结论提出以下政策建议：

（1）进一步完善食品可追溯法律法规体系

首先，食品可追溯体系是界定食品质量安全属性“产权”的工具或技术，它能够把相关的食品质量安全责任界定给供应链中的相关责任主体，激励或约束食品经营者的行为，而责任通常由法律法规以强制性的规定予以明确。因此，有必要建立一个相关的法律框架来明确食品经营者的职责，对食品经营者违规生产经营的惩罚做出规定，营造食品安全监管的外部压力。其次，对食品经营者参与建立和运行食品可追溯体系的责任和义务做出规定，通过制定各种管理法规，要求食品经营者做好符合可追溯规范的信息记录，并且对记录的保存时间、保存方法等做出相应的规定；对推动建立和推广食品可追溯体系的依据做出规定，使政府监管部门推动工作在具体实施过程中，有法可依，以保障实施过程的顺利有序进行，对相关主体的行为进行约束和规范。最后，以法律法规的强制性力量，保证食品经营者提供的溯源信息的真实可靠性。

（2）加大食品可追溯体系建立和运行过程中的监管力度

建立食品可追溯体系的首要难题是如何保证食品经营者提供的追溯信息的真实性和完整性，并取得消费者以及第三方机构的信任。此时，应在完善相应法律法规、技术标准体系的基础上，依法加强监管，保证企业依法参与、按标准建立食品可追溯体系。为保证监管强度，应采取定期与不定期、按批次和抽检多种方式相结合的综合立体型监管方式，以最大限度保证食品经营者在建立和运行食品可追溯体系的过程中提供准确真实的信息。

其次，为保障食品可追溯体系责任激励功能的发挥，政府监管部门应利用行政和法律手段加大对侵害消费者行为的处罚，为消费者维权提供专门的便利通道。通过食品安全规制环境的完善，使消费者在农产品安全事件发生时获得赔偿的可能性增加，强化责任激励对食品经营者影响。推行农产品生产企业生产记录制度，推行产品强制召回制度等措施，制约生产者的短期行为，加强政府监管，降低食品生产经营主体提供低质产品的效益，增加其违约成本，在强化责任可追溯的同时，最大限度发挥食品可追溯体系的激励功能。

(3) 进一步完善食品可追溯相关技术标准

食品可追溯技术标准是建立食品可追溯体系的知识范本和指导性文件，对保障体系的规范性、合理性以及有效性具有十分重要的作用。食品可追溯体系的参与主体众多，食品可追溯体系的推动者政府监管部门、食品可追溯体系参与者食品经营者、食品可追溯体系的使用者政府监管部门与消费者等。食品可追溯体系必须能满足各主体的需求，必须统一和规范信息标识、传递和识别技术以及信息记录的深度、宽度和精确度方面的技术标准。此外，我国已有的相关食品可追溯技术标准是分门别类的，由不同地区不同部门制定，为建立食品可追溯体系长效推广模式和运行机制，应该针对现有的技术标准进行科学论证，一方面应加快现实中急需标准的制定，另一方面则应对已有的技术标准结合食品可追溯体系建立和运行过程中出现的问题进行修改和完善。在标准制定和完善的过程中，需要注意以下问题：①充分考虑产品特征、企业信息提供以及消费者需求三者的结合；②现有的标准由不同地区的不同部门研究制定，在后续的制定和完善过程中应加强信息的共享；③使用与国际接轨的识别和编码技术标准。

(4) 加强对食品可追溯体系的相关研究工作

通过实地调研发现，成都市猪肉食品可追溯体系在建立和运行过程中，无论是制度、管理方面，还是技术方面都存在许多不足和问题。体系结构的不合理，运行流程设计冗长不但增加了猪肉经营者成本，同时导致体系的可用性较差，许多消费者对现在的体系并不认可，认为相对于使用成本来说，食品可追溯体系为解决猪肉行业食品安全问题提供的作用太小。溯源芯片的绑定、溯源电子秤等设备难以使用、溯源信息上传中出现信号丢失、信息通道拥堵等问题使生猪屠宰企业、猪肉零售摊主等不愿意完全按照规定要求完成溯源流程。特别是在第六章对消费者对可追溯猪肉的 WTP 的研究中，证实食品可追溯体系的可用性极大地影响消费者愿意额外支付的费用。

政府监管部门应该结合专门的科研单位和院校、企业，针对实践当中比较突出的重大问题进行立项，加大专项科研资金的投入，解决目前存在的比较突出的技术问题，以维持各猪肉生产经营者参与的积极性，保障食品可追溯体系的正常运行。

(5) 按阶段、分批次、有序推进食品可追溯体系实施

各国普遍首先在信息不对称程度较高，消费者普遍关注并且风险评估表明食品安全风险较高，单位产品附加值较高的畜禽产品领域，食品可追溯体系的长效推广模式和运行机制都还没有建立起来。短时期内，知识和经验积累的不足使得食品可追溯体系的长效推广模式和运行机制很难建立起来，成都市采用短时期内建立猪肉食品可追溯体系，对所有猪肉进行追溯，可能并非最优选择，一方面，建立全域的食品可追溯体系成本较高，根据本书第六章的分析结果，成都市每头生猪的追溯成本为 4.231 4 元，每年的总成本为 2 237.029 万元，这还没包括各个监管部门投入的人力以及上游养殖环节的动物标识及疫病可追溯体系的成本，根据我国生猪产业研究室提供的资料显示，我国每头生猪的监管成本最高在 43 元左右（生猪产业研究室，2012），此外，管理机制的设计等方面也难免存在漏洞；另一方面，根据成都市猪肉食品可追溯体系提供的实现追溯的猪肉销量，与建立食品可追溯体系前的数量并没有出现多大变化，市场中中低质量猪肉是规模存在的，如果实现追溯的猪肉都是优质猪肉，那低质量猪肉去了哪里？这是一个非常现实的问题。笔者认为较优的做法是，先在大型屠宰企业和农贸批发市场进行试点推行，积累建立食品可追溯体系长效推广模式和运行机制的知识和经验，同时能最大限度发挥试点单位的示范带头作用，形成良好的社会效应，激发其他主体参与的积极性。

(6) 对猪肉经营者参与食品可追溯体系的成本进行评估，保障其可行性和合理性

猪肉经营者参与食品可追溯体系会产生一定的成本，根据本书第六章的分析可知，采购溯源芯片和雇佣新员工绑定溯源芯片的费用并不低，特别是对于那些小型的生猪屠宰企业来说，这可能会导致两个结果：①对猪肉经营者的发展造成打击；②导致各种“寻租”行为，规避相应的成本。过高的成本也将影响各猪肉生产主体的积极性。对于猪肉经营者参与食品可追溯体系的过程中在资金、技术和人力资源方面受到的限制，政府应提供税收减免、贴息支持等积极的政策优惠或直接进行资金上的补贴或支持，提高他们的积极性。目前，成都市采取政府补贴加各猪肉经营者自负部分的办法，分担食品可追溯体系的成本。

(7) 加强宣传

政府在推动建立食品可追溯体系中的作用十分重要。针对猪肉经营者应加大宣传力度，让他们对食品可追溯体系有更加深入的了解，提高其参与食品可追溯体系的积极性，在内容上要有所选择，比如：重点宣传《农产品质量安全法》与《食品安全法》中关于食品可追溯的内容，以及食品可追溯体系本身的功能以及建立食品可追溯体系能带来的好处等。针对消费者，建立消费者健康教育计划，普及食品溯源知识，让更多消费者了解可追溯食品，提高消费者对食品可追溯体系的认识和接受程度。在宣传内容上，加强对食品可追溯体系及其功能的宣传普及，比如：如何查看和理解可追溯标签的信息，如何投诉与维权等，还应及时通报和宣传食品可追溯体系的运行状况，及时披露出现的安全问题；在宣传方式和手段上，政府应适当利用各种宣传资源，给予科学的报道，结合消费对象、销售方式，采取多种多样的形式，如利用电视、网络、报纸等媒体，通过各种销售活动发放宣传材料，或利用电视媒体宣传健康知识等。从而提高消费者购买猪肉时的索票意识，提高其索票和查询信息的频率，发挥消费者或媒体促进企业参与食品可追溯体系的作用。

(8) 开展培训计划

定期对猪肉经营者进行食品安全与食品可追溯知识的培训，并进行年度考核，结合猪肉追溯市场准入制度，将其纳入对各主体从事猪肉生产经营的资格审查，提高猪肉经营者的质量安全意识的同时，提高进入猪肉行业的“门槛”，相当于迫使猪肉经营者加大猪肉质量安全管理的专用型投资，抑制其利用食品安全“做文章”的投机心理，当然这是一种“无形”的投资，培训内容不宜过难。

(9) 采用灵活多样的监管方式

猪肉经营者运行食品可追溯体系需要政府进行监管，对此，宜采取灵活多样的监管方式，最有效的方法是在食品可追溯体系中加入预警提示模块，针对各主体未按规定完成追溯流程的行为进行跟踪和统计，然后编制相应的统计报表，根据各主体违规的情况进行提醒，对于不加以改善者，向其递送其违规统计月度/季度/年度报表和相应法律法规条款，进行书面提示和警告，对于仍然不加以改善者，则进行专门食品安全教育和培训，或者考虑取消在本地域从业的资格。采用这种方式，既能更有利于掌握食品可追溯体系整体运行情况，降低监管成本，在操作实施方面也具有更大弹性和灵活发挥的空间，能取得更好的监管效果。

附录1　生猪屠宰企业调查问卷

1.（1）贵企业的名称为____________________；

（2）性质为________

A. 国有　　B. 集体　　C. 民营

D. 合资　　E. 其他

2. 贵企业注册资本为________万元，固定资产总额为________万元。

3.（1）贵企业是否是定点屠宰企业________

A. 是　　B. 否

（2）资质等级为________

①A级　　②AA级　　③AAA级

④AAAA级　　⑤AAAAA级

4.（1）贵企业从事屠宰业务已有________年；

（2）2009、2010、2011年的生猪屠宰数量分别为________头、________头、________头。

5.（1）贵企业领导人的受教育年限为________年，领导人的年龄为________岁；

（2）职工总人数为________人；文化程度为：大专及以上________人；

（3）共拥有肉品检验人员________名，其中获得省级以上商务主管部门颁发的培训合格证书的有________人。

6. 贵企业：

（1）开展的业务类型（多选，并按业务量由大到小排序）？

（　　）

A. 代宰业务　　B. 将生猪购买过来屠宰　　C. 自营

（2）屠宰的生猪中，来自专门的养殖基地场（企业）、生猪养殖场（农户）、生猪经纪人的比例分别为________%、________%、________%；是否与他们签订了订单或协议________（A. 是，B. 否）；若选“A”，三者签约的比例分别为________%、________%、________%；其他合作方式还包括（可多选）________（A. 临时现货交易　B. 基于长期合作的信任　C. 其他）

（3）是否有自己的养猪场________（A. 是　B. 否）；若选“A”，年出栏生猪________头；

（4）与其他屠宰企业有业务或者私下的联系吗________

A. 没有　　　　B. 有

7. 贵企业屠宰的生猪主要销往：商场（超市）________%，农贸（含批发）市场__________%，自己的专卖店________%，其他（请注明）________%（比如企业、机关单位食堂等）。

8.（1）贵企业是否拥有自己的猪肉品牌________

A. 是　　　　B. 否

（2）若（1）选“A”，品牌名称为________，它现在是？

（　　）

A. 市级名牌　　　　B. 省级名牌

C. 国家级名牌　　　　D. 其他

9.（1）贵企业是否通过了产品认证或质量安全管理体系认证________

A. 是　　　　B. 否

(2) 若 (1) 选"A",通过了哪些认证(可多选)? ( )

A. 无公害产品认证 B. 绿色产品认证

C. 有机产品认证 D. ISO 系列

E. GAP F. GMP G. HACCP

H. QS 认证 I. 其他(请注明)________

10. (1) 贵企业在参与可追溯体系以前是否已经实行信息化管理________

A. 是 B. 否

(2) 若 (1) 选"A",配备了下列哪些设备(可多选)? ( )

A. 服务器 B. 电脑 C. 管理软件

D. 其他配套实施设备等(请注明)________

11. 贵企业内部已经建立健全了下列哪些制度(可多选)? ( )

A. 进货检查验收制度

B. 购销台账制度

C. 生猪进场检验登记制度

D. 生猪屠宰和肉品检验管理制度

E. 无害化处理制度

12. 进场前会向畜主索取的票证有(可多选)? ( )

A. 《动物产地检疫合格证明》

B. 《出县境动物检疫合格证明》

C. 《动物及动物产品运载工具消毒证明》

D. 《口蹄疫非疫区证明》

E. 免疫耳标,抽检比例________%

F. 其他(请注明)________

13. (1) 生猪进场时会记录哪些内容(可多选)? ( )

A. 进场日期　　B. 进场数量
C. 进场批次　　D. 供货方名称
E. 供货方地址　　F. 供货方联系方式
G. 购货台账、购货凭证　　H. 其他（请注明）________

（2）生猪出场时会记录哪些内容（可多选）？　　（　　）
A. 出场日期　　B. 出场数量　　C. 出场批次
D. 购买方名称　　E. 购买方地址　　F. 购买方联系方式
G. 销售台账、销售凭证　　H. 其他（请注明）________

（3）会保存上述记录内容吗？　　（　　）
A. 不会
B. 会；若选“B”，保存时间为________年。

14.（1）宰前一般会做哪些检疫（可多选）？　　（　　）
A. 瘦肉精检验　　B. 其他________

（2）宰后一般会做哪些检疫（可多选）？　　（　　）
A. 头部检疫　　B. 皮肤检疫　　C. 内脏检疫
D. 肉尸检疫　　E. 寄生虫检疫

（3）会保存上述检疫记录吗？　　（　　）
A. 会
B. 不会；若选“A”，保存时间为________年；

（4）上述检疫的方式为________ A. 全部检疫　B. 抽检

15. 假如某个屠宰场屠宰的生猪出现问题，你认为那个屠宰场对此应负怎样的责任？　　（　　）
A. 负全责　　B. 负大部分责任　　C. 仅负小部分责任
D. 不应该负责　　E. 不知道

16. 你对《农产品质量安全法》、《食品安全法》中关于可追溯的内容了解吗？　　（　　）
A. 全部了解　　B. 了解一些

C. 听说过，但不了解　　D. 没听说过

17. 你对建立可追溯体系相关的培训宣传内容理解吗？（　　）

A. 全部理解　　B. 理解一些

C. 听说过，但不理解　　D. 没听说过

18. (1) 政府为参与可追溯体系提供的帮助和支持有（可多选）？（　　）

A. 提供技术培训和指导

B. 提供基础投入和财政补贴

C. 市场宣传和消费者教育

D. 加大市场整治力度，规范市场

E. 提供市场信息等服务

F. 其他（请注明）________

(2) 你希望政府继续提供上述帮助和支持吗？（　　）

A. 希望　　B. 无所谓

19. 请为下列促使贵企业决定参与可追溯体系的因素评分（分数越高，表示发挥的作用越大，请根据实际情况在相应数字上直接画钩）

在各级食品安全监管部门的要求和动员下，不得不参与	5	4	3	2	1
本行业食品安全监管强度较高，为避免承受更大的监管压力，觉得还是参与比较好	5	4	3	2	1
看到其他企业都已经先后参与，觉得也参与比较好	5	4	3	2	1
在政府部门的规范和引导下，不少小型、私营屠宰场不断被取缔，为避免失去从业资格，只好参与	5	4	3	2	1

20. (1) 贵企业为参与猪肉可追溯体系，做了下列哪些工作（可多选）？（　　）

A. 建立健全溯源电子标签和读卡器的内部管理制度，落实专人负责相应管理和操作工作

B. 建立内部产品质量溯源管理系统，并安装“成都市生猪产品质量安全可追溯信息系统”

C. 建立健全信息报送制度等，落实专人负责溯源信息等的录入及上传工作

D. 建立生猪产品出厂、场前的产品复检制度，落实专人检查产品的电子溯源标签及信息数据和章证是否齐全完整

E. 主动了解可追溯体系相关知识，并参加政府组织的相关培训

(2) 参与可追溯体系以后，企业的管理变得怎样（比如流程、环节管理等方面）？　(　　)

A. 非常复杂　B. 复杂　C. 没什么变化

D. 非常简单　E. 简单

(3) (2) 中的变化是否使企业总的管理费用增加？(　　)

A. 是　B. 否

(4) 若 (3) 选“A”，假设对这部分费用进行补贴，你觉得大约应该补贴________（元/月）。

21. (1) 参与可追溯体系需要的相关设备配备情况：读卡器，数量________，单价________元；身份识别卡，数量________，单价________；计算机，数量________，单价________元；调制解调器，数量________，单价________元；电话线，数量________，单价________；网线，数量________，单价________元；溯源芯片，单价0.8元；其他，数量________，单价________元；

(2) 这些设备的购置费用，政府负担大约________%，自己负担大约________%；

(3) 若读卡器、身份识别卡、计算机、调制解调器、电话线、网线等折旧或损坏后，维修及重新购买等费用由谁负担？ (　　)

A. 自己负担全部

B. 自己负担部分，约________%

C. 全部由政府负担

(4) 有专门的机构负责相关设备维护和销售吗？________

A. 没有　　B. 有

(5) 你觉得设备的维护与耗材的购买便利吗？ (　　)

A. 非常不便利　　B. 不便利　　C. 没什么感觉

D. 便利　　E. 非常便利

(6) 溯源芯片每天大约需要____（片），费用由谁负担？ (　　)

A. 自己负担全部

B. 自己负担部分，约________%

C. 全部由政府负担

(7) 你觉得读卡器的使用麻烦吗？ (　　)

A. 非常麻烦　　B. 麻烦　　C. 没什么感觉

D. 容易　　E. 非常容易

(8) 你觉得读卡器的携带、保管麻烦吗？ (　　)

A. 非常麻烦　　B. 麻烦　　C. 没什么感觉

D. 容易　　E. 非常容易

(9) 你觉得身份识别卡的携带、保管麻烦吗？ (　　)

A. 非常麻烦　　B. 麻烦　　C. 没什么感觉

D. 容易　　E. 非常容易

(10) 你觉得绑定溯源芯片？ (　　)

A. 非常麻烦　B. 麻烦　C. 没什么感觉

D. 容易　E. 非常容易

(11) 你觉得“溯源管理系统”的运行和维护？ (　　)

A. 非常麻烦　B. 麻烦　C. 没什么感觉

D. 容易　E. 非常容易

22. (1) 贵企业是否为参与可追溯体系雇用新的员工吗？ (　　)

A. 是　B. 否

(2) 若 (1) 选“A”，共雇用________人，他们的平均工资水平为________ (元/月)；

(3) 若 (2) 选“B”，相关工作是否由原有的员工承担________

A. 是　B. 否

23. (1) 你觉得目前使用的技术能保证溯源信息真实、可靠吗？ (　　)

A. 不能　B. 能

(2) 那你觉得这些技术存在漏洞吗？ (　　)

A. 存在很大的漏洞　B. 存在　C. 不存在

D. 不存在任何漏洞　E. 不知道

(3) 你愿意将生猪屠宰价格、数量等信息提供给其他人吗？ (　　)

A. 愿意　B. 不愿意

(4) 你担心“可追溯体系会将上述信息泄露给其他人”吗？ (　　)

A. 不担心　B. 担心

(5) 你觉得政府应该怎样处理上述信息 (可多选)？ (　　)

A. 不透露给任何第三方

B. 加强对信息的保护

C. 政府使用这些信息时，应该先让自己知情

D. 无所谓，随便处理

（6）假如下游客户或消费者拿着溯源票来找你，说他买的猪肉有问题并且来自本屠宰场，你觉得这时可能出现下列哪些情况（可多选）？（　　）

A. 有可能购买的是其他屠宰场宰杀的猪肉，溯源票是捡的别人的

B. 遇到这种情况，我也不知道该找谁帮助协商处理、具体怎么办

C. 问题可能出在养殖场（户）等环节，所以不能找我

D. 虽然很多问题不清楚，但仍会花大量时间、精力配合客户或消费者解决问题

*24. 请按照实际情况，回答下列关于“绑定溯源芯片、使用读卡器和身份识别卡、运行溯源管理系统、上传溯源信息”等操作的相关问题：

（1）你觉得上述操作对生猪屠宰工作的影响怎样（分数越高，表示影响越大，请在相应数字上直接画钩）

使得生猪屠宰工作内容增加，需要更多时间完成	5	4	3	2	1
使得整个生猪屠宰流程更加繁琐，完成更加困难	5	4	3	2	1
使得与客户之间的业务往来程序增加，需要更多时间完成	5	4	3	2	1
使得与客户之间的业务往来流程更加繁琐，完成更加困难	5	4	3	2	1
使得整个猪肉屠宰过程以及与客户的往来费工费时，更加麻烦	5	4	3	2	1

（2）你觉得完全按照要求进行上述操作有必要吗？　（　　）

A. 没必要　　　　B. 有必要

（3）如果不完全按照要求进行上述操作，可追溯体系会自动及时提示吗？________

A. 会　　　　B. 不会

（4）若（3）选“A”，会因此得到相应惩罚吗？________

A. 会　　　　B. 不会

（5）如果完全按照要求进行上述操作，会因此得到相应的奖励吗？________

A. 会　　　　B. 不会

（6）你知道关于进行上述操作的奖惩制度吗？________

A. 不知道　　　　B. 知道

（7）平时有人监督企业进行上述操作吗？________

A. 没有　　　　B. 有

（8）实际当中贵企业是怎么做的？________

A. 太麻烦，所以部分按照要求操作

B. 完全按照要求操作

25. 据你所知，其他屠宰企业对参与可追溯体系的态度是________，那贵企业的态度是________

A. 不应该参与　　　　B. 应该参与

26. 下列是参与可追溯体系后可能的获得的好处，请你按照实际情况评价（分数越高，表示好处越大，请在相应数字上直接画钩）

更容易掌握屠宰的生猪最终流向、了解市场的动态	5	4	3	2	1
有助于打击私屠滥宰行为、规范交易秩序，有利于公平竞争	5	4	3	2	1

（续）

使得与农贸市场、超市、销售摊主等的业务关系更加密切	5	4	3	2	1
使得与生猪经纪人、生猪养殖场/户的业务关系更加密切	5	4	3	2	1
与上下游客户的业务联系加强，可以更好地完成、拓展屠宰业务	5	4	3	2	1

27. 可追溯体系建立起以后，本企业生猪屠宰量________

A. 增加了一些　　B. 增加了，但增加得很少

C. 没有变化　　D. 减少了，但减少的很少

E. 减少了一些

28. 假如在条件允许的情况下，贵企业会适当提高生猪屠宰费用，以弥补建立和应用可追溯体系产生的成本吗？________

A. 不会　　B. 会

29. 参与可追溯体系以后：

（1）你是否觉得“若本企业屠宰的猪肉有问题，相比以前很容易追查到本企业来”？________

A. 否　　B. 是

（2）你是否感觉总体上担负的质量安全责任更明确、更大？________

A. 否　　B. 是

（3）参与可追溯体系以后，你的行为和感受如何（请根据实际情况打分，分数越高表示越符合现实情况，请在相应数字上直接画钩）

对进场前向畜主索取票证工作的要求更高、执行更严格	5	4	3	2	1
对进场待宰的生猪的检疫工作要求更高、执行更严格	5	4	3	2	1
对屠宰后出场猪肉的检疫工作要求更高、执行更严格	5	4	3	2	1
强化"建立健全企业内部各项关于生猪屠宰管理制度"工作	5	4	3	2	1
更加严格按照国家规定的操作规程和技术要求屠宰生猪	5	4	3	2	1
更加关注生猪经纪人、农户、养殖场等的资质，以及生猪的质量	5	4	3	2	1
对记录生猪进出场、检验检疫信息的工作要求更高、执行更严格	5	4	3	2	1

30. 你对可追溯体系的总体评价如何（可多选）？ （ ）

A. 政府推动建立可追溯体系的时间过早，市场接受程度低

B. 建立可追溯体系是今后的趋势，有很多好处，十分必要

C. 建立可追溯体系的技术还不成熟，还有很多问题没有解决，作用有限

D. 可追溯体系的建立和应用成本很高，但好处很少，没什么必要

E. 总的来看，建立可追溯体系好处大于成本，有必要建立

附录2　农贸市场调查问卷

1.（1）市场的名称________________________，成立于________年；

（2）性质为________

A. 国有　　B. 集体　　C. 民营

D. 合资　　E. 其他

2. 市场注册资本为________万元，固定资产总额为________万元。

3. 市场的资质等级________

①国家级　　②省级

③市级　　④其他

4.（1）市场主要负责人的年龄为________岁；

（2）受教育程度为？　（　　）

A. 研究生及以上　　B. 大学本科　　C. 大专

D. 中专或高中　　E. 初中及以下

5. 市场内共有猪肉零售摊位________个。

6.（1）市场在参与可追溯体系以前是否已经实行信息化管理________

A. 是　　B. 否

（2）若（1）选“A”，配备了下列哪些设备（可多选）？

（　　）

A. 服务器　　B. 电脑

C. 管理软件　　D. 其他配套设备等

7. 每天是否会对零售摊位的猪肉进行检查________

A. 是　　B. 否；

若选“A”，检查的内容包括下列哪些（可多选）？（　　）

A. 定点屠宰企业屠宰印章　　B. 动物产品检疫检验印章

C. 动物产品检疫合格证　　D. 销售发票

F. 其他（请注明）________

8. 假如在某个市场发现问题猪肉，你认为那个市场对此应负怎样的责任？（　　）

A. 负全责　　B. 负大部分责任　　C. 仅负小部分责任

D. 不应该负责　　E. 不知道

9. 你对《农产品质量安全法》、《食品安全法》中农产品可追溯的内容？（　　）

A. 全部了解　　B. 了解一些

C. 听说过，但不了解　　D. 没听说过

10. 你对建立可追溯体系相关的培训宣传内容？（　　）

A. 全部理解　　B. 理解一些

C. 听说过，但不理解　　D. 没听说过

11. (1) 政府为参与可追溯体系提供的帮助和支持有（可多选）？（　　）

A. 提供技术培训和指导

B. 提供基础投入和财政补贴

C. 市场宣传和消费者教育

D. 加大市场整治力度，规范市场

E. 提供市场信息等服务

F. 其他（请注明）________

(2) 你希望政府继续提供上述帮助和支持吗________

A. 希望　　B. 无所谓

12. 请为下列促使贵市场决定参与可追溯体系的因素评分（分数越高，表示发挥的作用越大，请根据实际情况在相应数字上直接画钩）

在各级食品安全监管部门的要求和动员下，不得不参与	5	4	3	2	1
由于本行业的食品安全监管强度较高，为了避免承受更大的监管压力，觉得还是参与比较好	5	4	3	2	1
看到其他市场都已经先后参与，觉得也参与比较好	5	4	3	2	1
在政府部门的规范和引导下，不少小型私营市场不断被取缔，为避免失去从业资格，只好参与	5	4	3	2	1

13. (1) 市场为参与猪肉可追溯体系，做了下列哪些工作？（　　）

A. 建立健全溯源电子标签和读卡器的内部管理制度，落实专人负责相应管理和操作工作

B. 实施猪肉食品溯源系统工程，并安装“成都市生猪产品质量安全可追溯信息系统”

C. 建立健全信息报送制度等，落实专人负责溯源信息等的录入及上传工作

D. 落实专人检查市场内猪肉的电子溯源标签及信息数据和章证是否齐全完整

E. 主动了解可追溯体系相关知识，并参加政府组织的相关培训

(2) 参与可追溯体系以后，市场的管理变得怎样（比如流程、环节管理等方面）？（　　）

A. 非常复杂　B. 复杂　C. 没什么变化

D. 非常简单　E. 简单

(3)(2)中的变化是否使市场总的管理费用增加________

A. 是　　B. 否

(4)若(3)选“A”，假如补贴这部分费用，你觉得大约应该补贴________元/天。

14.(1)实施“猪肉食品溯源系统工程”，搭建“成都市生猪产品质量安全可追溯体系市场监管平台”的时间为________，总费用为________，自己承担大约________%，政府承担大约________%；

(2)所需：读卡器，数量________，单价________元；身份识别卡，数量________，单价________元。总费用为________，自己承担大约________%，政府承担大约________%；

(3)需要自己配备的设备情况：计算机，数量________，单价________元；调制解调器，数量________，单价________元；电话线，数量________，单价________；网线，数量________，单价________元；其他，数量________，单价________元。总费用为________，自己承担大约________%，政府承担大约________%；

(4)若上述设备折旧或损坏后，维修及重新购买等费用由谁负担？　(　　)

A. 自己负担全部

B. 自己负担部分，约________%

C. 全部由政府负担

(5)有专门的机构负责设备维护和销售吗________

A. 没有　　B. 有

(6)你觉得上述设备的维护与购买便利吗？　(　　)

A. 非常不便利　　　　　　　B. 不便利
C. 没什么感觉　　D. 便利　　E. 非常便利

(7) 你觉得读卡器的使用？　　　　　　　　(　　)
A. 非常麻烦　B. 麻烦　　C. 没什么感觉
D. 容易　　　　　　　　　E. 非常容易

(8) 你觉得读卡器的携带、保管？　　　　　(　　)
A. 非常麻烦　B. 麻烦　　C. 没什么感觉
D. 容易　　　　　　　　　E. 非常容易

(9) 你觉得身份识别卡的使用？　　　　　　(　　)
A. 非常麻烦　B. 麻烦　　C. 没什么感觉
D. 容易　　　　　　　　　E. 非常容易

(10) 你觉得身份识别卡的携带、保管？　　 (　　)
A. 非常麻烦　B. 麻烦　　C. 没什么感觉
D. 容易　　　　　　　　　E. 非常容易

(11) 你觉得“生猪产品质量安全可追溯体系”市场监管平台的运行、维护？　　　　　　　　　　(　　)
A. 非常麻烦　B. 麻烦　　C. 没什么感觉
D. 容易　　　　　　　　　E. 非常容易

15. (1) 市场的管理人员共________人，其中，大专及以上________人，其平均工资水平为________（元/月）。

(2) 是否为参与可追溯体系雇佣新的员？________
A. 是　　　　　　　　　　B. 否

(3) 若（2）选“A”，共雇佣________人，他们的平均工资水平为________（元/月）；

(4) 若（2）选“B”，具体的追溯工作是否由原有的员工承担________
A. 是　　　　　　　　　　B. 否

16.（1）你觉得目前使用的技术能保证溯源信息真实、可靠吗？________

A. 不能　　B. 能

（2）那你觉得这些技术存在漏洞吗？（　　）

A. 存在很大的漏洞　B. 存在　C. 不存在

D. 不存在任何漏洞　E. 不知道

（3）假如下游客户或消费者拿着溯源票来找你，说他买的猪肉有问题并且来自本市场，你觉得这时可能出现下列哪些情况（可多选）？（　　）

A. 有可能购买的是其他市场卖的猪肉，溯源票是捡的别人的

B. 遇到这种情况，我也不知道该找谁帮助协商处理、具体怎么办

C. 问题可能出在养殖场（户）、屠宰等环节，所以不能找我

D. 虽然很多问题不清楚，但仍会花大量时间、精力配合客户或消费者解决问题

*17. 请按照实际情况，回答下列关于“运行生猪产品质量安全可追溯体系市场监管平台、使用读卡器和身份识别卡监督零售摊主行为、检查/回收/处理溯源芯片、上传溯源信息”等操作的相关问题：

（1）你觉得进行上述操作对原有工作的影响怎样（分数越高，表示对原有工作的影响越大，请直接在相应数字上直接画钩）

增加了原来市场监督和管理的程序和内容，需要更多时间完成	5　4　3　2　1

（续）

使得整个市场监督和管理流程更加繁琐，完成更加困难	5	4	3	2	1
使得整个市场监督和管理过程费时费工，完成更加麻烦	5	4	3	2	1
生猪经纪人、零售摊主等经常抱怨上述内容给交易带来不便	5	4	3	2	1

（2）您觉得完全按照要求进行上述操作有必要吗？________

A. 没必要　　B. 有必要

（3）如果不完全按照要求进行上述操作，可追溯体系会自动及时提示吗？________

A. 会　　B. 不会

（4）若（2）选“A”，会因此得到相应惩罚吗？________

A. 会　　B. 不会

（5）如果完全按照要求进行上述操作，会因此得到相应的奖励吗？________

A. 会　　B. 不会

（6）你知道关于进行上述操作的奖惩制度吗？________

A. 不知道　　B. 知道

（7）平时有人监督大家进行上述操作吗？________

A. 没有　　B. 有

（8）实际当中你是怎么做的？________

A. 太麻烦，所以部分按照要求操作

B. 完全按照要求操作

（9）如果对上述操作进行粗略估算，相比以前会增加总共________（小时/天）的工作时间。

（10）假如在条件允许的情况下，市场会适当提高收取的费用，以弥补参与和应用可追溯体系产生的成本吗？________

A. 不会　　B. 会

18. 根据你的了解，其他市场管理者对参与可追溯体系的态度是________，那你的态度是________

A. 不应该参与　　B. 应该参与

19. 下列是参与可追溯体系后可能获得的好处，请你按照实际情况评分（分数越高，表示好处越大，请在相应数字上直接画钩）

能更容易掌握猪肉的销售情况、了解市场的动态	5	4	3	2	1
有助于打击违法违规行为，规范交易秩序，确保市场健康运行	5	4	3	2	1
使得屠宰企业、生猪经济人提供的猪肉质量安全更有保证	5	4	3	2	1
使市场的监管工作有数据支撑、更透明、也更容易	5	4	3	2	1
可以更容易确保猪肉的质量安全，降低整个市场的食品安全风险	5	4	3	2	1
若出现猪肉质量安全事件，可以更容易追查到问题环节，规避不应该负的责任，降低事故安全成本	5	4	3	2	1

20.（1）参与可追溯体系以后，你是否觉得“若本市场销售的猪肉有问题，相比以前很容易追查到本市场来”？________

A. 否　　B. 是

（2）你是否感觉总体上担负的质量安全责任更明确、更大？________

A. 否　　　　　　　　　　　　B. 是

（3）参与可追溯体系以后，你的行为和感受如何（分数越高，表示越符合现实情况，请在相应数字上直接画钩）

对进入市场的猪肉的复检工作要求更高、执行更严格	5	4	3	2	1
对记录检查猪肉信息的工作要求更高、执行更严格	5	4	3	2	1
对生猪经纪人、生猪屠宰场等的资质有更多的关注	5	4	3	2	1
对零售摊主等的经营行为的监管更加严格	5	4	3	2	1
对市场内猪肉来源和去向信息有更多关注	5	4	3	2	1

21. 你对可追溯体系的总体评价如何（可多选）?　　　（　　）

A. 政府推动建立可追溯体系的时间过早，市场接受程度低

B. 建立可追溯体系是今后的趋势，有很高的社会效益，十分必要

C. 建立可追溯体系的技术还不成熟，还有很多问题没有解决，作用有限

D. 建立可追溯体系应用成本太高，没什么必要

E. 总的来看，建立可追溯体系的好处大于成本，有必要建立

附录3　猪肉零售摊主调查问卷

1.（1）你的年龄________，性别________

A. 男　　　　B. 女

（2）受教育程度？________

A. 大专及以上　　　　B. 中专或高中

C. 初中　　　　D. 小学及以下

2.（1）你从事猪肉零售已经________年；

（2）一般由________人照看摊位，其他人是________

A. 家人　　　　B. 雇佣的人

（3）在摊位时，闲暇时间怎样________

A. 很多　　　　B. 多

C. 很少　　　　D. 少

（4）闲暇时间里主要干什么（可多选）________

A. 聊天　　　　B. 打牌

C. 看书　　　　D. 其他

（5）平均每天大约销售猪肉________斤，平均每天大约能获得总利润________元。

3.（1）平时主要在谁哪里批发猪肉________

A. 生猪贩子　　　　B. 屠宰场

C. 批发市场　　　　D. 其他

*（2）影响你选择上述猪肉供应商的原因有哪些（可多选）？

（　　）

A. 位置的远近　　　　B. 猪肉批发价格

C. 对地方或生猪贩子的熟悉、了解程度　D. 其他

(3) 批发猪肉方式为________

A. 自己去定点屠宰场批发

B. 猪肉供应商送货上门

C. 其他方式

4.(1) 你觉得猪肉质量安全容易判断吗________

A. 不容易　　B. 容易

(2) 是否有过“批发到问题猪肉”的经历________

A. 是　　B. 否

(3) 进货时，是否会对猪肉做详细的检查________

A. 否　　B. 是

(4) 若 (3) 选“B”，检查的内容包括下列哪些 (可多选)?

(　　)

A. 猪肉的色泽外形等

B. 是否盖有检疫、检验合格章

C. 是否绑定溯源芯片

D. 其他

5. 根据你的经验：

(1) 向你购买猪肉的熟客多不多?　(　　)

A. 几乎没有　　B. 有一些

C. 比较多　　D. 几乎全部是熟客

(2) 消费者能否很好的判断猪肉质量安全? ________

A. 不能　　B. 能

(3) 消费者对猪肉质量安全敏感吗? ________

A. 不敏感　　B. 敏感

(4) 消费者对猪肉价格敏感吗? ________

A. 不敏感　　B. 敏感

(5) 下列哪个因素最能决定消费者是否购买猪肉？（　　）

A. 质量和安全性　　B. 价格

C. 消费习惯　　D. 其他

(6) 你觉得消费者想知道猪肉的最终来源吗？（　　）

A. 非常不想知道　　B. 不想知道

C. 无所谓　　D. 想知道　　E. 非常想知道

(7) 有多少消费者购买猪肉时会主动要求打印溯源票？

（　　）

A. 全部　　B. 大多数　　C. 少数

D. 几乎没有　　E. 完全没有

*(8) 你觉得向消费者打印溯源票、上传溯源信息有必要吗？（　　）

A. 没有必要　　B. 有必要　　C. 不知道

6. 假如消费者在某个零售摊位购买的猪肉有问题，你觉得那个零售摊主对此应负怎样的责任？（　　）

A. 负全责　　B. 负大部分责任

C. 仅负小部分责任　　D. 不应该负责

E. 不知道

7. 你对《农产品质量安全法》《食品安全法》中农产品可追溯的内容？（　　）

A. 全部了解　　B. 了解一些

C. 听说过，但不了解　　D. 没听说过

8. 你对建立可追溯体系相关的培训宣传内容？（　　）

A. 全部理解　　B. 理解一些

C. 听说过，但不理解　　D. 没听说过

9. (1) 政府为参与可追溯体系提供的帮助和支持有（可多选）？（　　）

A. 提供技术培训和指导

B. 提供基础投入和财政补贴

C. 市场宣传和消费者教育

D. 加大市场整治力度，规范市场

E. 提供市场信息等服务

F. 其他（请注明）________

（2）你希望政府继续提供上述帮助和支持吗________

A. 希望　　　　B. 无所谓

10. 请为下列促使你决定参与可追溯体系的因素评分（分数越高，表示发挥的作用越大，请根据实际情况在相应数字上直接画钩）

在各级食品安全监管部门的要求和动员下，不得不参与	5	4	3	2	1
由于本行业的食品安全风险、监管强度都较高，为避免承受更大的监管压力，觉得还是参与比较好	5	4	3	2	1
看到其他零售摊主都已经先后参与，觉得也参与比较好	5	4	3	2	1
农贸市场的管理者要求参与，为避免失去从业资格，只好参与	5	4	3	2	1

11.（1）你是否觉得参与可追溯体系产生了误工损失________

A. 否　　　　B. 是

（2）若（1）选“B”，你觉得这个损失有多大________元/天。

（3）参与可追溯体系需要配备的相关设备情况：溯源计价秤，数量________，单价________元；身份识别卡，数量________，单价________；溯源票打印纸，数量

________，单价________元；墨盒，数量________，单价________元；其他，数量________，单价________元。

(4) 这些设备的购置费用，政府负担大约________%，自己负担大约________%。

(5) 若溯源计价秤、身份识别卡等折旧或损坏后，维修及重新购买的费用由谁负担？ ( )

A. 全部由自己负担

B. 自己负担大约________%

C. 全部由政府负担；

(6) 溯源票打印纸、墨盒平均每月分别需要________(卷) 和________(盒)，费用由谁负担？ ( )

A. 全部由自己负担 B. 自己负担大约________%

C. 全部由政府负担

(7) 有专门的机构负责设备维护和销售吗？ ( )

A. 没有 B. 有

(8) 你觉得设备的维护与耗材的购买便利吗？ ( )

A. 非常不便利 B. 不便利 C. 没什么感觉

D. 便利 E. 非常便利

(9) 你觉得溯源秤计价秤的使用？ ( )

A. 非常容易 B. 容易 C. 没什么感觉

D. 麻烦 E. 非常麻烦

(10) 你觉得身份识别卡的使用？ ( )

A. 非常容易 B. 容易 C. 没什么感觉

D. 麻烦 E. 非常麻烦

(11) 你觉得溯源计价称的携带、保管？ ( )

A. 非常容易 B. 容易 C. 没什么感觉

D. 麻烦　　E. 非常麻烦

(12) 你觉得身份识别卡的携带、保管？　　(　　)

A. 非常容易　B. 容易　　C. 没什么感觉

D. 麻烦　　E. 非常麻烦

12. (1) 你觉得目前使用的技术能保证溯源信息真实、可靠吗？________

A. 不能　　B. 能

(2) 那你觉得这些技术存在漏洞吗？　　(　　)

A. 存在很大的漏洞　　B. 存在

C. 不存在　　D. 不存在任何漏洞

E. 不知道

(3) 你愿意将生猪销售价格、数量等信息提供给其他人吗________

A. 愿意　　B. 不愿意

(4) 你担心“可追溯体系会将上述信息泄露给其他人”吗？　　(　　)

A. 不担心　　B. 担心

(5) 你觉得政府应该怎样处理上述信息（可多选）？(　　)

A. 不透露给任何第三方

B. 加强对信息的保护

C. 政府使用这些信息时，应该先让自己知情

D. 无所谓，随便处理

(6) 假如某个消费者拿着溯源票来找你，说他购买的猪肉有问题且来自你的摊位，你觉得这时可能出现下列哪些情况（可多选）？　　(　　)

A. 有可能是捡的别人的溯源票，不能证明在本摊位买过猪肉

B. 遇到这种情况，我也不知道该找谁帮助协商处理、具体怎么办

C. 问题可能出在养殖场（户）、屠宰场等环节，所以不能找我

D. 虽然很多问题不清楚，但仍会花大量时间、精力配合消费者解决问题

*13. 请按照实际情况，回答下列关于“使用身份识别卡、溯源电子秤、打印溯源小票”等操作的相关问题：

（1）请你为进行上述操作对销售猪肉的影响评分（分数越高，表示影响越大，请在相应数字上直接画钩）

使得猪肉销售工作内容增加，需要更多时间完成	5	4	3	2	1
使得整个猪肉销售流程更加繁琐，完成更加困难	5	4	3	2	1
使得猪肉销售工作更加费时费工，完成更加麻烦	5	4	3	2	1
可能存在消费者凭本摊位打印的溯源票故意回来找麻烦的情况	5	4	3	2	1

（2）您觉得完全按照要求进行上述操作有必要吗？________

A. 没必要　　B. 有必要

（3）如果不完全按照要求进行上述操作，可追溯体系会自动及时提示吗？________

A. 会　　B. 不会

（4）若（3）选“A”，会因此得到相应惩罚吗？________

A. 会　　B. 不会

（5）如果完全按照要求进行上述操作，会因此得到相应的奖励吗？________

A. 会　　B. 不会

（6）你知道关于进行上述操作的奖惩制度吗？________

A. 不知道　　　　　　　　B. 知道

（7）平时有人监督大家进行上述操作吗？________

A. 没有　　　　　　　　　B. 有

（8）实际当中你是怎么做的？________

A. 太麻烦，所以部分按照要求操作

B. 完全按照要求操作

14.（1）根据你的了解，其他零售摊主对参与可追溯体系的态度是________，那你的态度是________

A. 不应该参与　　　　　　B. 应该参与

15. 下列是参与可追溯体系可能获得的好处，请你按照实际情况评分（分数越高，表示好处越大，请在相应数字上直接画钩）

有助于打击违法违规行为，规范猪肉市场交易秩序，利于公平竞争	5	4	3	2	1
使得与农贸批发市场、屠宰场、生猪经济人的业务联系更加密切	5	4	3	2	1
使得农贸批发市场、屠宰场、生猪经济人提供的猪肉质量更有保证	5	4	3	2	1
能满足消费者的信息需求，使其消费信心增强，更加放心购买	5	4	3	2	1
猪肉若出现问题，可以很容易追查到出问题的环节，从而避免承担不应该的损失	5	4	3	2	1

16. 参与可追溯体系以后，你摊位的猪肉销量相比以前________

A. 增加了一些　　　B. 增加了，但增加得很少

C. 没有变化　　　　D. 减少了，但减少的很少

E. 减少了一些

*17. 假如条件允许，你会适当提高猪肉价格，以弥补参与可追溯体系的误工损失或成本吗？________

A. 不会　　　　B. 会

18. 参与可追溯体系以后：(1) 你是否觉得“若本摊位销售的猪肉有问题，相比以前很容易追查到本摊位来”？________

A. 否　　　　B. 是

(2) 你是否感觉总体上担负的质量安全责任更明确、更大？________

A. 否　　　　B. 是

(3) 参与可追溯体系以后，你的行为和感受如何（请根据实际情况打分，分数越高表示越符合现实情况，请在相应数字上直接画钩）

对猪肉来源等信息有更多的关注	5	4	3	2	1
进货的时候对猪肉的质量安全的关注更多、要求更严	5	4	3	2	1
对生猪经纪人、屠宰场、批发市场的资质有更多的关注	5	4	3	2	1

19. 你对可追溯体系的总体评价如何（可多选）？　　（　　）

A. 政府推动建立可追溯体系的时间过早，市场接受程度低

B. 建立可追溯体系是今后的趋势，有很高的社会效益，十分必要

C. 建立可追溯体系的技术还不成熟，还有很多问题没有解决，作用有限

D. 建立可追溯体系应用成本太高，没什么必要

E. 总的来看，建立可追溯体系的好处大于成本，有必要建立

附录4　消费者调查问卷

1. 你的性别________

A. 男　　B. 女；

婚姻状况________

A. 未婚　　B. 已婚；

2. 你的年龄________岁；你的学历？（　　）

A. 研究生及以上　B. 大学本科　C. 大专

D. 高中或中专　E. 初中及以下

3. 你的职业是？（　　）

A. 公务员　B. 企业职工　C. 事业单位职员

D. 自由职业者　E. 离退休人员　F. 无业

G. 学生　H. 其他

4. （1）你家庭的人口数________人；

（2）人均月收入大约在下列哪个水平？（　　）

A. 1 000 元以下　B. 1 001～2 000 元

C. 2 001～3 000 元　D. 3 000 元以上

（以上属于个人信息，对此我们将严格保密，仅用于学术研究）

5. 你一般间隔多久购买一次猪肉？（　　）

A. 每天一次　B. 每两三天一次

C. 每一个星期一次　D. 一个星期以上一次

6. （1）你是否经常在同一个地方购买猪肉？（　　）

A. 否　B. 是（选 A 则直接做第 7 题）

（2）若（1）选“B”，该地点为？　（　　）

A. 农贸市场　　B. 超市

C. 街边小摊　　D. 猪肉专卖店

（3）那你经常在同一个地方购买猪肉的原因有（可多选）？

（　　）

A. 距离较近　　B. 市场环境干净

C. 价格更为公道　　D. 猪肉质量好

E. 对卖肉的地方和人比较熟悉　　F. 其他

7.（1）你觉得猪肉的质量安全风险高吗？　（　　）

A. 不觉得　　B. 觉得

（2）你能否很好的判断猪肉的质量和安全性？　（　　）

A. 不能　　B. 能

（3）你曾经买到问题猪肉的次数？　（　　）

A. 多次　　B. 几次　　C. 从没有买到过

D. 不知道买的猪肉是否有问题

8.（1）购买猪肉时，你会对猪肉做详细的对比和检查吗？

（　　）

A. 不会　　B. 会

（2）若（1）选“B”，对比和的检查内容包括哪些（可多选）？　（　　）

A. 猪肉的色泽　　B. 猪肉的质感

C. 猪肉的味道　　D. 检验合格章　　E. 其他

9.（1）据你所知，猪肉质量安全风险有哪些（可多选）？

（　　）

A. 猪肉注水　　B. 病死猪肉

C. 添加“瘦肉精”等违禁品　　D. 其他

（2）你觉得造成上述风险的原因有哪些（可多选）？（　　）

A. 猪肉商贩、屠宰场、零售摊主等片面追求利润

B. 猪肉商贩、屠宰场、零售摊主等社会责任意识淡薄

C. 国家法律法规、标准不完善

D. 政府监管不到位，惩罚不严

E. 其他

10. 购买猪肉时，你想知道猪肉来自哪里的养殖场（户）、屠宰场吗？ (　　)

A. 非常不想知道　　B. 不想知道

C. 无所谓　　D. 想知道　　E. 非常想知道

11. (1) 你了解可追溯体系吗？ (　　)

A. 全部了解　　B. 了解一些

C. 听说过，但不了解　　D. 没听说过

(2) 若 (1) 选 A 或 B 或 C，你了解的途径是（可多选）？ (　　)

A. 公交车车载广告　　B. 网络

C. 报纸　　D. 短信

E. 宣传资料　　F. 电视、收音机

12. 可追溯体系建立以后，你觉得市场上猪肉的质量安全更有保障吗？ ________

A. 不觉得　　B. 觉得

13. (1) 你觉得我国食品安全法律法规完善程度怎样？ (　　)

A. 非常完善　　B. 完善　　C. 一般

D. 不完善　　E. 非常不完善

(2) 若发生食品安全问题，感觉不知道该找哪个政府部门协助处理 (　　)

A. 非常同意　　B. 同意　　C. 没感觉

D. 不同意　　E. 非常不同意

（3）若发生食品安全问题，去索赔的话将会花费大量时间和精力，成功率也会很低　（　　）

A. 非常同意　B. 同意　C. 没感觉

D. 不同意　E. 非常不同意

（4）若购买的猪肉出现问题，你觉得用溯源小票去追溯责任人？　（　　）

A. 非常困难　B. 困难　C. 一般

D. 容易　E. 非常容易

（5）你觉得猪肉溯源小票中的信息？　（　　）

A. 非常可信　B. 可信　C. 一般

D. 不可信　E. 非常不可信

（6）有人说猪肉溯源小票没什么用处，你同意吗？（　　）

A. 非常同意　B. 同意　C. 一般

D. 不同意　E. 非常不同意

（7）有人说买猪肉时索要溯源小票多此一举，你同意吗？　（　　）

A. 非常同意　B. 同意　C. 一般

D. 不同意　E. 非常不同意

14. 你觉得目前可追溯体系中使用的技术存在漏洞吗？（　　）

A. 存在　B. 不存在

15.（1）你觉得现在的溯源小票中的信息是否足够？　（　　）

A. 否　B. 是

（2）若（1）选“A”，你觉得还应增加哪些信息（可多选）？　（　　）

A. 猪肉品种

B. 饲料、添加剂和农、兽药使用情况

C. 添加剂和农、兽药的检测结果

D. 屠宰等环节的卫生状况

E. 检疫员、检疫单位以及检疫情况

F. 疫病疫情　G. 其他（请注明）________

16.（1）购买猪肉时，你索要溯源小票吗？（　）

A. 每次索要　B. 经常索要

C. 偶尔索要　D. 从来不索要

E. 从来不关注这些

（2）若（1）选“A或B或C”，你用溯源小票查询猪肉的来源吗？（　）

A. 每次都查询　B. 经常查询

C. 偶尔查询　D. 从来不查询

E. 从来不关注这些

（3）若（3）选“A或B或C”，你通过什么查询（可多选）？（　）

A. 电脑上网　B. 电话

C. 短信　D. 溯源终端机

17. 请你评价下列“建立可追溯体系以后可能获得的好处”（根据好处大小评分，直接画钩）

建立可追溯体系以后可能获得的好处：	很大	较大	一般	较小	很小
①更容易知道猪肉的最终来源，使我更放心购买	5	4	3	2	1
②抑制不法商贩私屠滥宰行为，保证猪肉质量安全	5	4	3	2	1
③使我承受的猪肉质量安全风险降低	5	4	3	2	1
④发生食品安全问题时，方便追究责任	5	4	3	2	1
⑤使可能存在的安全事故成本降低	5	4	3	2	1

18. (1) 鉴于可追溯体系有一定的好处，你是否愿意为可追溯猪肉付额外的费用________

A. 否　　　　B. 是

(2) 若 (1) 选“B”，你愿意为一头（按 125 千克计）可追溯猪（肉）多支付多少钱？　　(　　)

A. 1 元　　B. 2 元　　C. 3 元

D. 4 元　　E. 5 元　　F. 6 元　　G. 6 元以上

19. 虽然可追溯体系已经建立，你觉得政府还应该做哪些工作？　　(　　)

A. 严惩不法分子

B. 成立专门的机构，协助追究责任及索赔

C. 制定完善的法律法规，以方便追究责任及索赔

D. 推进可追溯体系研究，使其更有效，更适用

E. 其他

参 考 文 献

[1] 沈银书. 中国生猪规模的经济学分析［D］. 北京：中国农业科学院，2012.

[2] 陆昌华. 畜禽及畜禽产品的可追溯管理［J］. 中国禽业导刊，2006（14）：33－34.

[3] 陆昌华，等. 生猪及其产品可追溯体系与公共卫生［J］. 动物医学进展，2010，31（s）：213－217.

[4] 陶永明. 问卷调查法应用中的注意事项［J］. 中国城市经济，2011（20）：305－306.

[5] 樊孝凤，周德翼. 信息可追踪与农产品食品安全管理［J］. 商业时代，2007（12）：87－88.

[6] 徐翔，等. 建立食用农产品溯源机制的途径探析［J］. 现代经济探讨，2006（10）：71－74.

[7] 胡庆龙，等. 农产品质量安全及溯源机制的经济学分析［J］. 农村经济，2009（7）：98－101.

[8] 吕志轩. 食品可追踪系统对社区合同农业治理机制的影响——来自泰国的经验［J］. 调研世界，2009（6）：18－24.

[9] 李春艳，等. 可追溯系统在农产品供应链中的运作机制分析［J］. 湖北农业科学，2010，49（4）：1004－1007.

[10] T. Moe. Perspectives on Traceability in Food Manufacture［J］. Trends in Food Science & Technology，1998（9）：211－214.

[11] Linus U. Opara. Traceability in Agriculture and Food Supply Chain：A Review of Basic Concepts，Technological Implications，and Future Prospects［J］. Food，Agriculture & Environment，2003，1（1）：101－106.

[12] Elise Golan, et al. Traceability for Food Safety and Quality Assurance: Mandatory Systems Miss the Mark [J]. Current Agriculture Food & Resource Issues, 2003 (4): 27-35.

[13] 修文彦，等. 国外农产品质量安全追溯制度的发展与启示 [J]. 农业经济问题，2008，增 (206)：210.

[14] 袁晓菁，肖海峰. 我国猪肉质量安全可追溯系统的发展现状、问题及完善对策 [J]. 农业现代化研究，2010，31 (5)：557-560.

[15] 方炎，高观，等. 我国食品安全追溯制度研究 [J]. 农业质量标准，2005 (2)：37-39.

[16] 周洁红，等. 蔬菜质量安全可追溯体系建设：基于供货商和相关管理部门的二维视角 [J]. 农业经济问题，2011 (1)：32-38.

[17] 周峰，徐翔. 欧盟食品安全可追溯制度对我国的启示 [J]. 经济纵横，2007 (10)：72-73.

[18] Roxanne Clemens. Meat Traceability and Consumer Assurance in Japan [A]. MATRIC Briefing Paper 03-MBP 5 September 2003.

[19] Kang-Seok Seo, et al. Development and Prospecting of Agricultural Traceability System in Korea [J]. International Traceability Symposium (RDA).

[20] John F. Wiemers, Animal Identification And Traceability: Protecting The National Herd [A]. Agricultural Outlook Forum 2003.

[21] 邢文英. 美国的农产品质量安全可追溯制度 [J]. 世界农业，2006 (4)：39-41.

[22] Gilbert Lavoie, et al. Implementation of a Traceability System From Constraints to Opportunities for the Industry: A Case Study of Quebec, Canada International Food and Agribusiness Management Review, 2009, 12 (2): 71-80.

[23] Jared G. Carlberg, Development and Implementation of a Mandatory Animal Identification System: The Canadian Experience [J]. Journal of Agricultural and Applied Economics, 2010, 42 (3):

559 - 570.

[24] Füzesi, et al. Food Tracing and Interoperability of Information Systems in the Hungarian Meat Industry [D]. Agris on-line Papers in Economics and Informatics, 2010.

[25] 陈红华，田志宏. 国内外农产品可追溯系统比较研究 [J]. 商场现代化，2007 (7): 5 - 6.

[26] 蒙少东，许福才. 食品供应链可追溯制度的国际比较及其启示 [J]. 经济问题，2009 (5): 50 - 52.

[27] 施晟，周德翼. 食品安全可追踪系统的信息传递效率及政府治理策略研究 [J]. 农业经济问题，2008 (5): 20 - 26.

[28] 林金莺，曾庆孝. 可追溯体系在食品中的应用 [J]. 现代食品科技，2006，22 (4): 189 - 192.

[29] Elise Golan, et al. Traceability for Food Safety and Quality Assurance: Mandatory Systems Miss the Mark [J]. The Journal of the Canadian Agricultural Economics Society, 2003 (4): 27 - 35.

[30] Peter Goldsmith. Traceability and Identity Preservation Policy: Private Initiatives vs. Public Intervention [A]. The 2004 Annual Meeting of the American Agricultural Economics Association Meetings, Denver.

[31] 于辉，安玉发. 在食品供应链中实施可追溯体系的理论探讨 [J]. 农业质量标准，2005 (3): 39 - 41.

[32] William W. Wilson, et al. Costs and Risks of Conforming to EU Traceability Requirements: The Case of Hard Red Spring Wheat [A]. Agribusiness & Applied Economics Report No. 564, June 2005.

[33] Klaus Menrad, et al. Costs of Co - Existence and Traceability Systems in the Food Industry in Germany and Denmark [A]. the Fourth International Conference on Coexistence between Genetically Modified (GM) and non - GM based Agricultural Supply Chains (GMCC) Melbourne (Australia), 10th to 12th November 2009.

[34] David Sparling, et al. Costs and Benefits of Traceability in the Canadian Dairy Processing Sector [J]. Journal of Food Distribution Research, 2006, 37 (1): 160 - 166.

[35] Sebastien Pouliot. Estimating the Costs and Benets of Cattle Traceability: The Case of the Quebec Cattle Traceability System [A]. The American Agricultural Economics Association Annual Meeting, Orlando, FL, July 27 - 29, 2008.

[36] Freddy Brofmanl, et al. Economic Evaluation of Food Traceability Systems through Reference Models [A]. The 110th EAAE Seminar "System Dynamics and Innovation in Food Networks" Innsbruck-Igls, Austria, February 18 - 22, 2008.

[37] 杨秋红，吴秀敏. 食品加工企业建立可追溯系统的成本收益分析 [J]. 四川农业大学学报，2008，26 (1)：100 - 103.

[38] 陈红华，等. 基于 Shapley 值法的蔬菜可追溯系统利益分配研究 [J]. 农业技术经济，2011 (2)：56 - 65.

[39] Resende - Filho, Moises and Buhr, Brian. Economics of Traceability for Mitigation of Food Recall Costs [A]. MPRA Paper No. 3650, posted 07. November 2007/03: 22, Online at http: //mpra. ub. uni - muenchen. de/3650/.

[40] Patrizia Busato et al. Use of Simulation Models to Study the Dynamic of Recall of Non - Conform Perishable Produce through the Supply Chain [A]. The 3rd International European Forum on System Dynamics and Innovation in Food Networks, Organized by the International Center for Food Chain and Network Research, University of Bonn, Germany. February 16 - 20, 2009, Innsbruck - Igls, Austria.

[41] Amy D. Hagerman, et al. Rapid Effective Trace - Back Capability Value in Reducing the Cost of a Foot and Mouth Disease Event [A]. The Southern Agricultural Economics Association Annual

Meeting, Orlando, FL, February 6-9, 2010.

[42] Jason Jones, et al. Effects of a Traceability System on the Economic Impacts of a Foot - and - Mouth Disease Outbreak [A]. The Southern Agricultural Economics Association Annual Meetings Corpus Christi, Texas February, 2011.

[43] Souza Monteiro, D. M. et al. Optimal Choice of Voluntary Traceability as a Food Risk Management Tool [A]. The 12th EAAE Congress "People, Food and Environments: Global Trends and European Strategies", Gent (Belgium), 26-29 August 2008.

[44] David M. McEvoy, et al. Can an Industry Voluntary Agreement on Food Traceability Minimize the Cost of Food Safety Incidents? [A]. The XIIth Congress of the European Association of Agricultural Economics Association, Gent, Belgium, July 26-29, 2008.

[45] Sébastien Pouliot. Welfare Effects of Mandatory Traceability When Firms Are Heterogeneous [A]. the Agricultural & Applied Economics Association 2010 AAEA, CAES, & WAEA Joint Annual Meeting, Denver, Colorado, July 25-27, 2010.

[46] 马晨清. 略论农产品可追溯制度的构建 [J]. 商业经济研究, 2011 (5): 104-105.

[47] Klaus Frohberg, et al. EU Food Safety Standards, Traceability and Other Regulations: A Growing Trade Barrier to Developing Countries' Exports? [A]. the International Association of Agricultural Economists Conference, Gold Coast, Australia, August 12-18, 2006.

[48] Maurizio Canavari, et al. Traceability as Part of Competitive Strategy in the Fruit Supply Chain [A]. The International Association of Agricultural Economists Conference, Gold Goast, Australia, August, 12-18, 2006.

[49] Sterling Liddell, DeeVon Bailey. Market Opportunities and Threats

to the U. S. Pork Industry Posed by Traceability Systems [J]. International Food and Agribusiness Management Review, 2001 (4): 287 - 302.

[50] G. C. Smith, et al. Traceability from a US Perspective [J]. Meat Science, 2005 (71): 174 - 193.

[51] P. Cheek. Factors Impacting the Acceptance of Traceability in the Food Supply Chain in the United States of America [J]. Rev. sci. tech. Off. int. Epiz., 2006, 25 (1), 313 - 319.

[52] David Barling. Food Ethics. Traceability and the Regulatory State: Private Governance and Civil Society Trajectories [A]. The 3rd International European Forum on System Dynamics and Innovation in Food Networks, Organized by the International Center for Food Chain and Network Research, University of Bonn, Germany February 16 - 20, 2009.

[53] Jill E. Hobbs. Traceability in Meat Supply Chains [J]. Current Agriculture Food & Resource Issues, 2003 (4): 36 - 49.

[54] Jill E. Hobbs. Information Asymmetry and the Role of Traceability Systems [J]. Agribusiness, 2004, 20 (4): 397 - 415.

[55] Elise Golan, et al. Traceability in the U. S. Food Supply: Economic Theoryand Industry Studies [M]. Agricultural Economic Report Number 830.

[56] Michael Sykuta. Agricultural Organization in an Era of Traceability [J]. Journal of Agricultural and Applied Economics, 2005, 37 (2): 365 - 377.

[57] Daniel A. Sumner, et al. Traceability, Liability and Incentives for Food Safety and Quality [A]. The American Agricultural Economics Association Annual Meeting, Long Beach, California, July 23 - 26, 2006.

[58] S. Andrew Starbird, et al. Do Inspection and Traceability Provide

Incentives for Food Safety? [J]. Journal of Agricultural and Resource Economics, 2006, 31 (1): 14-26.

[59] Moises Resende-Filho. A Principal-Agent Model for Investigating Traceability Systems Incentives on Food Safety [A]. The 105th EAAE Seminar "International Marketing and International Trade of Quality Food Products", Bologna, Italy, March 8-10, 2007.

[60] Azucena Gracia, et al. Attitudes of Retailers and Consumers toward the EU Traceability and Labeling System for Beef [J]. Journal of Food Distribution Research, 2005, 36 (3): 45-56.

[61] George M. Chryssochoidis, et al. Traceability: European Consumers' Perceptions Regarding its Definition, Expectations and Differencesby Product Types and Importance of Label Schemes [A]. The 98th EAAE Seminar "Marketing Dynamics within the Global Trading System: New Perspectives", Chania, Crete, Greece as in: 29 June-2 July, 2006.

[62] Cristina Mora, et al. Traceability Perception of Beef: A Comparison between Spanish and Italian Consumers [A]. The 98th EAAE Seminar "Marketing Dynamics within the Global Trading System: New Perspectives", Chania, Crete, Greece asin: 29 June - 2 July, 2006.

[63] G. Giraud, R. Halawany, Consumers' Perception of Food Traceability in Europe [J]. The 98th EAAE Seminar "Marketing Dynamics within the Global Trading System: New Perspectives", Chania, Crete, Greece as in: 29 June-2 July, 2006.

[64] Rafia Halawany, et al. Consumers' Acceptability and Rejection of Food Traceability Systems, a French-German Cross-Comparison [A]. the 1st International European Forum on Innovation and System Dynamics in Food Networks Officially Endorsed by the European Association of Agricultural Economists (EAAE), Innsbruck -

Igls，Austria February 15－17，2007.

[65] W. van Rijswijk and L. J. Frewer. How Consumers Link Traceability to Food Quality and Safety：An International Investigation [A]. The 98th EAAE Seminar "Marketing Dynamics within the Global Trading System：New Perspectives"，Chania，Crete，Greece as in：29 June－2 July，2006.

[66] Maria L. Loureiro，et al. A Choice Experiment Model for Beef：What U. S. Consumer Responses Tell us about Relative Preferences for Food Safety，Country－of－Origin Labeling and Traceability [J]. Food Policy，2007，32：496－514.

[67] Stefanella Stranieri，et al. Fresh Meat and Traceability Labelling：Who Cares? [A]. the 3rd International European Forum on System Dynamics and Innovation in Food Networks，Organized by the International Center for Food Chain and Network Research，University of Bonn，Germany February 16－20，2009.

[68] Mark Deimel，et al. Transparency in Meat Production－Consumer Perception at the Point of Sale [A]. The 116th EAAE Seminar "Spatial Dynamics in Agri－food Systems：Implications for Sustainability and Consumer Welfare".

[69] 杨倍贝，吴秀敏. 消费者对可追溯性农产品的购买意愿研究 [J]. 农村经济，2009（8）：57－59.

[70] 吴林海，徐玲玲，王晓莉. 影响消费者对可追溯食品额外价格支付意愿与支付水平的主要因素 [J]. 中国农村经济，2010（4）：77－86.

[71] 赵荣，乔娟，孙瑞萍. 消费者对可追溯性食品的态度、认知和购买意愿研究 [J]. 消费经济，2010，26（3）：40－45.

[72] 周应恒，等. 消费者对加贴信息可追溯标签牛肉的购买行为分析 [J]. 中国农村经济，2008（5）：22－32.

[73] Wim Verbeke，et al. Market Differentiation Potential of Country－

of-origin, Quality and Traceability Labeling [J]. The Estey Centre Journal of International Law and Trade Policy, 2009, 10 (1): 20-35.

[74] 韩杨，乔娟. 消费者对可追溯食品的态度、购买意愿及影响因素 [J]. 技术经济，2009，28 (4)：37-53.

[75] 徐玲玲，等，消费者对食品可追溯体系认知与需要的实证分析 [J]. 江苏商论，2011 (5)：6-8.

[76] Dickinson, D. L. Bailey, D. V. Meat Traceability: Are U. S. Consumers Willing to Pay for it? [J]. Journal of Agricultural and Resource Economics, 2002, (27): 348-364.

[77] Jill E. Hobbs, Consumer Demand for Traceability [A]. The IATRC Annual Meeting, December 15-17, 2002, Monterey, California.

[78] David L. Dickinson, Jill E. Hobbs, DeeVon Bailey. A Comparison of U. S. and Canadian Consumers' Willingness To Pay for Red-Meat Traceability [A]. The American Agricultural Economics Association Annual Meetings, Montreal, Canada, July 27-30, 2003.

[79] David L. Dickinson and DeeVon Bailey, Experimental Evidence on Willingness to Pay for Red Meat Traceability in the United States, Canada, the United Kingdom, and Japan [J]. Journal of Agricultural and Applied Economics, 2005, 37 (3): 537-548.

[80] Lichtenberg L. et al. Traceability of Meat: Consumers' Associations and Their Willingness-to-Pay [A]. The 12th Congress of the European Association of Agricultural Economists - EAAE 2008.

[81] 王锋，等. 消费者对可追溯农产品的认知和支付意愿分析 [J]. 中国农村经济，2009 (3)：68-74.

[82] 杨秋红，吴秀敏. 农产品生产加工企业建立可追溯系统的意愿及

其影响因素［J］．农业技术经济，2009（2）：69－77．

［83］Brian L. Buhr. Traceability and Information Technology in the Meat Supply Chain：Implications for Firm Organization and Market Structure［J］．Journal of Food Distribution Research，2003，34（3）：13－26．

［84］Stefanella Stranieri，et al. Firms' Strategies and Voluntary Traceability：An Empirical Analysis in Italian Food Chains［A］．The 98 th EAAE Seminar "Marketing Dynamics within the Global Trading System：New Perspectives"，Chania，Crete，Greece as in：29 June－2 July，2006．

［85］Alessandro Banterle，et al. The Consequences of Voluntary Traceability System for Supply Chain Relationships. An Application of Transaction Cost Economics［J］．Food Policy，2008，33：560－569．

［86］Chao－shih Wang，Jesus Bravo. Traceability in the U. S. Food Supply：An Application of Transaction Cost Analysis［A］．The Agricultural & Applied Economics Association 2010 AAEA，CAES，& WAEA Joint Annual Meeting，Denver，Colorado，July 25－27，2010．

［87］谢筱，等．食用农产品企业建立质量可追溯体系驱动力分析［J］．农村经济，2012（4）：50－54．

［88］周洁红，等．猪肉屠宰加工企业实施质量安全追溯的行为、绩效及政策选择［J］．农业技术经济，2012（8）：30－37．

［89］Matthias Heyder，et al. Agribusiness Firm Reactions to Regulations：The Case of Investments in Traceability Systems［J］．Int. J. Food System Dynamics，2010（2）：133－142．

［90］Justin K. Porter，The U. S. Produce Traceability Initiative：Analysis，Evaluation，and Recommendations［J］．International Food and Agribusiness Management Review，2011，14（3）：

45 -66.

[91] Galliano D. and Orozco L. Intra and Inter Organisational Determinants of Electronic - Based Traceability Adoption: Evidences from the French Agri - Food Industry [A]. The 12th Congress of the European Association of Agricultural Economists - EAAE 2008.

[92] Harun Bulut and John D. Lawrence, Meat Slaughter and Processing Plants' Traceability Levels Evidence From Iowa [A]. The NCR -134 Conference on Applied Commodity Price Analysis, Forecasting, and Market Risk Management Chicago, Illinois, April 16 -17, 2007.

[93] Alessandro Banterle, et al. Does Traceability Play a Role in Retailer's Strategies for Private Labels? [A]. The 83rd Annual Conference of the Agricultural Economics Society Dublin 30th March to 1st April 2009.

[94] 元成斌. 食用农产品企业实行质量可追溯体系的行为研究 [D]. 成都：四川农业大学，2009.

[95] 刘清宇. 生猪屠宰加工企业实施自愿性质量安全可追溯行为的影响因素研究 [D]. 杭州：浙江大学大学，2011.

[96] 黎光寿. 家乐福：食品可追溯的噱头和现实 [J]. 世界博览，2010 (2)：57 - 61.

[97] 刘为军. 中国食品安全控制研究 [D]. 杨陵：西北农林科技大学，2006.

[98] 王华书. 食品安全的经济分析与管理研究 [D]. 南京：南京农业大学，2004.

[99] 刘录军. 我国食品安全监管体系研究 [D]. 杨陵：西北农林科技大学，2009.

[100] 赵林度. 食品安全与风险管理 [M]. 北京：科学出版社，2009：10 - 11.

[101] 宋怿. 食品风险分析理论与实践 [M]. 北京：中国标准出版

社，2005.

[102] 张姝楠. 冷却猪肉供应链跟踪与追溯系统研究 [D]. 北京：中国农业科学院，2008.

[103] 孙小燕. 农产品质量安全问题的成因与治理 [D]. 成都：西南财经大学，2008.

[104] 何坪华. 食品价值链及其对食品企业质量安全信用行为的影响 [J]. 农业经济问题，2009 (1)：48－52.

[105] 王志刚. 食品安全的认知和消费决定：关于天津市个体消费者的实证分析 [J]. 中国农村经济，2003 (4)：41－48.

[106] 周应恒，霍丽，彭晓佳. 食品安全：消费者态度、购买意愿及信息的影响 [J]. 中国农村经济，2004 (11)：53－80.

[107] 周应恒，霍丽玥. 食品质量安全问题的经济学思考 [J]. 南京农业大学学报，2003，26 (3)：91－95.

[108] F. Madec，R. Geers，P. Vesseur，et al. Blaha Traceability in the Pig Production Chain [J]. Rev Sci Tech of Int Epiz，2001，20 (2)：523－537.

[109] Elise Golan et al. Economics of Food Labeling [R]. Economic Research Service，U. S. Department of Agriculture. Agricultural Economic Report No. 793.

[110] 周德翼，等. 食物质量安全管理中的信息不对称与政府监管机制 [J]. 中国农村经济，2002 (6)：29－35.

[111] 周应恒，耿献辉. 信息可追踪系统在食品质量安全保障中的应用 [J]. 农业现代化研究，2002，23 (6)：451－454.

[112] 陆昌华，等. 生猪及其产品可追溯体系与公共卫生 [J]. 动物医学进展，2010，31 (s)：213－217.

[113] 林超，等. 动物标识及疫病可追溯体系建设试点工作中存在的问题 [J]. 中国牧业通讯，2008 (5)：44－51.

[114] 赵智晶，吴秀敏，等. 食用农产品企业建立可追溯制度绩效评价——以四川省为例 [J]. 四川农业大学学报社会哲学科学版，

2012，30（1）：114－120.

［115］杨秋红．企业建立农产品质量安全可追溯系统的意愿及影响因素研究［D］．成都：四川农业大学，2008.

［116］周洁红．食品安全特性与政府支持体系［J］．中国食物与营养，2003（9）：13－15.

［117］谢志刚．效用分析与保险定价决策研究［J］．财贸研究，1997（8）：27－31.

［118］Eo van Ravenswaay，JP Hoehn. The Theoretical Benefits of Food Safety Policies：A Total Economic Value Framework［J］. American Journal of Agricultural Economics，1996，78（5）：1291－1296.

［119］Jill E. Hobbs. Information Asymmetry and the Role of Traceability Systems［J］. Agribusiness，2004，20（4）：397－415.

［120］胡庆龙，王爱民．农产品质量安全及溯源机制的经济学分析［J］．农村经济，2009（7）：98－101.

［121］Elise Golan，et al. Traceability in the U. S. Food Supply：Economic Theory and Industry Studies［M］. Agricultural Economic Report Number 830.

［122］施晟，周德翼，汪普庆．食品安全可追踪系统的信息传递效率及政府治理策略研究［J］．农业经济问题，2008（5）：21－26.

［123］王志刚．食品安全的认知和消费决定：关于天津市个体消费者的实证分析［J］．中国农村经济，2003（4）：41－48.

［124］周应恒，霍丽，彭晓佳．食品安全：消费者态度、购买意愿及信息的影响［J］．中国农村经济，2004（11）：53－80.

［125］黎光寿．家乐福：食品可追溯的噱头和现实［J］．世界博览，2010（2）：57－61.

后　　记

本书是在博士毕业论文的基础上修改完成的，感谢对论文的写作提供过直接或间接帮助的所有的人！

首先，感谢我的导师吴秀敏教授。老师将我领进食品安全管理领域，使我深切地感受到食品安全问题的复杂以及对社会产生的重大影响。论文能最终完成，主要得益于老师不遗余力的帮助和悉心的指导。即将搁笔之际，脑海中仍然不断浮现出老师针对论文的选题、研究框架的打造，甚至文字的表述而提出自己的见解和修改意见的画面，亲自驾车在炎炎夏日和萧瑟寒冬带领我们去各个地市州调研的场景。老师治学态度严谨，但从不武断，对自己提出的每条意见必字斟句酌、反复推敲，对于学术方面的工作总是事无巨细、事必躬亲。老师品德高尚，温文尔雅，为人十分谦逊，他总是给予他众弟子为人处世方面谆谆的教导和巨大的包容，也总是给予他众弟子工作、学习和生活上无微不至的关心。在他的弟子当中，我是犯错误最多的一个，也是获益最多的一个。学生愚钝，论文远未达到老师的期望和要求，但必定将老师的言传身教铭记在心。

论文的最终成形，还得益于从开题、预答辩到正式答辩的过程中，各位老师的严格要求和提出的富有建设性的意见，以及课堂上给予我们的宝贵知识。衷心感谢他们，他们是：四川农业大学经济管理学院的漆雁斌教授、蒋远胜教授、陈文宽教授、杨锦秀教授、傅新红教授、冉瑞平教授、张文秀教授、郑循刚教授、王芳教授、何格教授、曹正勇副教授；四川省社会科学研究院的郭晓鸣教授；西南财经大学的卓志教授、刘成玉教授；西北农林科技大学的赵敏娟教授。还要感谢各位匿名评审专家针对论文提出的修改意见。也要感谢四川农业大学经济管理学院的胡杰老师、钟秀玲老师以及米华老师，感谢你们这些年来的关心和帮助。

论文的写作离不开大量的数据，在数据的收集过程中，得到成都市食品安全委员会办公室、商务局的有关领导，欣康绿、金忠食品有限公司、成都市冻青树农贸市场等企业负责人的支持，他们的热情接待让人感觉温暖，非常感谢他们。同时，还要感谢师姐费亚利博士为此提供的巨大帮助。

真诚地感谢我的同门师兄、师姐以及师弟、师妹们，相聚于同一师门，这是一份难得的缘分，大家在学习上相互勉励、共同提高，在生活上相互关心、情同手足，使我始终都坚信，无论大家身处何处，我们都是一个团队。感谢元成斌师兄、杨蓓贝师姐、谢秋菊师姐、唐金花师姐、姚汛师兄、陈科宇师兄，感谢同届的及志松、杨易、王姝涵、闫倩硕士，感谢2009级的师妹陈婷、王坤、谢筱、罗琴、肖秋和师弟范磊硕士，感谢师姐张婷博士、师兄刘强博士、师弟赵明骥博士，感谢你们在硕士研究生和博士研究生期间在生活和学习上给予我的关心和帮助，你们具有鲜明的个性、突出的个人能力和出众的优秀品质，你们是我学习的榜样，惭愧的是作为从前的师弟和现在的师兄的我却始终学不来；特别要感谢的是2010级的师妹严莉、王芸硕士，2011级的师妹康弥、王佩、谢安玲，以及如同家妹的付裕硕士，本书使用的数据凝聚着你们辛勤的汗水，在2012年的暑假里，你们顶着炎炎烈日，忍受着被拒绝的委屈，走遍成都市的各个郊县、每条大街小巷，那种场景，将使我终身难忘；还要感谢2011级的师弟金建东、刘国华硕士，2012级的师弟陈昌建、张杰、师妹万晓硕士，2013级的师弟田文勇博士、刘开封、黄超、朱俊、师妹唐淑一硕士，很高兴能够认识你们。

感谢同窗好友朱玉蓉、郭华、鞠立瑜、余霜、陈瑾瑜、张艳、杨小杰、徐广军博士等，你们是我志同道合的知己，感谢你们在学习和生活中给予我的鼓励和帮助；那些在四教C411为毕业论文一起奋斗的场景，那些从C411背后窗户透进来的灿烂阳光，那些四教下的花谢花开、绿芽变新枝，临近离别时，让人觉得分外难以割舍，衷心祝福我的同窗好友们前程似锦！

感谢我曾经的室友们，他们是王毅、刘强、宋占哲、周飞硕士等；感谢食品学院的丁捷硕士，认识你们才使我的硕士研究生生活更加精彩、充满美好回忆而值得怀念。也感谢那些许多从小学到大学的同学和朋友们，虽然大家已经很久都未曾联系，但我仍然常常想起你们。

由衷地感谢我的父母、姐姐、姐夫、弟弟、弟妹以及其他亲人，是你们为我创造了求学的机会。论文的最终完成、能够顺利的毕业，有你们背后太多的付出。此刻，想到你们，也使我感慨万千，心中的感受实在无法用言语表达，希望你们今后过得健康、过得快乐。

千百种错过使我们无法做到使生活和人生完美而无缺陷，因为有时候谁人都可能缺乏自信和勇气，不过真正重要的也许只是应不断向前，所以，现在只是一个新的起点。

赵智晶

于成都·温江